Einfluss des Schädigungszustands auf die Leistungsfähigkeit von tiefgezogenen Blechwerkstücken

Influence of the Damage State on the Performance of Deep-drawn Sheet Metal Workpieces

Von der Fakultät für Maschinenwesen
der Rheinisch-Westfälischen Technischen Hochschule Aachen
zur Erlangung des akademischen Grades einer
Doktorin der Ingenieurwissenschaften
genehmigte Dissertation

vorgelegt von

Martina Müller

Berichter/in:

Univ. Prof. Dr.-Ing. Thomas Bergs
Univ. Prof. Dr.-Ing. Sebastian Münstermann

Tag der mündlichen Prüfung: 09. Dezember 2025

INNOVATIONS IN
MANUFACTURING TECHNOLOGY

Martina Müller

Einfluss des Schädigungszustands auf die Leistungsfähigkeit von tiefgezogenen Blechwerkstücken

Herausgeber:
Prof. Dr.-Ing. T. Bergs

Band 02/2026

MTI | RWTH AACHEN UNIVERSITY

Fraunhofer IPT

Bibliografische Information der Deutschen Nationalbibliothek
Die Deutsche Nationalbibliothek verzeichnet diese Publikation in der Deutschen Nationalbibliografie; detaillierte bibliografische Daten sind im Internet über https://portal.dnb.de abrufbar.

Martina Müller:

Einfluss des Schädigungszustands auf die Leistungsfähigkeit von tiefgezogenen Blechwerkstücken

1. Auflage, 2026

Gedruckt auf holz- und säurefreiem Papier, 100% chlorfrei gebleicht.

Wissenschaftsverlag des Instituts für Industriekommunikation und Fachmedien an der RWTH Aachen
Steinbachstr. 25, 52074 Aachen, Deutschland
Internet: www.apprimus-verlag.de, E-Mail: info@apprimus-verlag.de

Druck: CPI Druckdienstleistungen GmbH
Ferdinand-Jühlke-Straße 7 | 99095 Erfurt | Deutschland

ISBN 978-3-98555-331-0

Vorwort und Danksagung

Preamble and Acknowledgement

Die vorliegende Arbeit entstand während meiner Tätigkeit als wissenschaftliche Mitarbeiterin am Manufacturing Technology Institute MTI und Werkzeugmaschinenlabor WZL der RWTH Aachen University. Mein besonderer Dank gilt Herrn Prof. Dr.-Ing. Thomas Bergs, Leiter des MTI, für die Unterstützung meiner wissenschaftlichen Tätigkeit sowie für die fachliche und persönliche Förderung. Ebenso danke ich Herrn Prof. Dr.-Ing. Sebastian Münstermann herzlich für die eingehende Prüfung des Manuskripts und seine wertvollen Anmerkungen. Prof. Dr.-Ing. Katharina Schmitz danke ich für die Übernahme des Prüfungsvorsitzes.

Für die Förderung im Rahmen des Sonderforschungsbereichs „Schädigungskontrollierte Umformprozesse" (SFB TRR188) danke ich der Deutschen Forschungsgemeinschaft DFG. Die im SFB geschaffenen wissenschaftlichen Rahmenbedingungen haben diese Arbeit maßgeblich ermöglicht und wesentlich zu ihrem Gelingen beigetragen.

Ebenso danke ich meinen Kolleginnen und Kollegen des WZL und MTI. Die offene und inspirierende Arbeitsatmosphäre, die vielfältigen Diskussionen sowie Ratschläge und Anregungen waren eine große fachliche und persönliche Bereicherung. Für die Unterstützung in Form von Diskussion, kritischem Feedback und Hilfsbereitschaft bedanke ich mich sehr herzlich. Mein besonderer Dank gilt dabei meinen Kollegen und Kolleginnen aus der Abteilung für umformende Fertigungsverfahren. Insbesondere Lars Uhlmann, Max Meerkamp, Tim Herrig und Andreas Rößler für die Unterstützung bei der Erstellung des Manuskripts.

Weiterhin möchte ich mich herzlich bei meinen Projektpartnerinnen und Projektpartnern vom Institut für Bildsame Formgebung IBF bedanken. Insbesondere danke ich Niklas Fehlemann, Lena Koch, Dorothea Czempas und Annemarie Heiser für die konstruktive Zusammenarbeit, die zahlreichen fachlichen Diskussionen und den wertvollen Austausch während der gemeinsamen Projektbearbeitung. Die enge Kooperation mit dem IBF hat wichtige Impulse für diese Arbeit geliefert. Ein großer Dank gilt außerdem meinen Abschlussarbeiterinnen und Abschlussarbeitern, die mit ihrem Engagement und ihren Beiträgen die experimentellen und numerischen Untersuchungen unterstützt haben. Ihre Motivation und ihr Einsatz haben wesentlich zur Umsetzung vieler Teilaspekte dieser Arbeit beigetragen.

Abschließend möchte ich mich bei meiner Familie und meinen Freunden für das entgegengebrachte Verständnis und die fortwährende Unterstützung während der Entstehung dieser Arbeit bedanken.

Aachen, im Dezember 2026 Martina Müller

Für Erika Elsa Müller †

Kurzzusammenfassung

Die Erreichung der Klimaziele gewinnt für den Industriestandort Deutschland zunehmend an Bedeutung. Vor diesem Hintergrund ist eine nachhaltige und ressourceneffiziente Produktion erforderlich, bei der die Automobilindustrie eine Schlüsselrolle einnimmt. Trotz bereits ergriffener Maßnahmen sind die CO_2-Emissionen im Verkehrssektor seit 1990 weitgehend konstant geblieben, was unter anderem auf das steigende Fahrzeuggewicht und den damit verbundenen höheren Kraftstoffverbrauch zurückzuführen ist. Der zunehmende Einsatz von Stahl zur Erfüllung von Sicherheits- und Komfortanforderungen trägt ebenfalls zum Anstieg der CO_2-Emissionen bei. Darüber hinaus führen Handelsbeschränkungen und geopolitische Spannungen zu steigenden Stahlpreisen, die die Produktionskosten der Automobilindustrie zusätzlich belasten.

Eine vielversprechende Strategie zur Bewältigung dieser Herausforderungen ist der Leichtbau, insbesondere durch den Einsatz hochfester Stähle. Dabei können durch Bauteiloptimierung Werkstoffe eingespart und Gewicht reduziert werden, ohne die Sicherheitsanforderungen zu vernachlässigen. Eine zentrale Herausforderung hierbei ist jedoch die fertigungsbedingte duktile Schädigung, die sowohl den Fertigungsprozess beeinflusst als auch Optimierungspotenzial für den Leichtbau bietet. Ein vertieftes Verständnis dieser Schädigung ist entscheidend, um Fertigungsprozesse gezielt zu modifizieren und Werkstoffeinsparungen im Sinne des Leichtbaus zu realisieren.

Im Rahmen des Forschungsvorhabens wurde ein Beitrag zum Verständnis der fertigungsbedingten duktilen Schädigung in Blechwerkstoffen geleistet. Dabei wurde untersucht, inwiefern sich die Bauteilleistungsfähigkeit von tiefgezogenen Werkstücken aus Dualphasenstahl DP800 durch die Wechselwirkungen zwischen den Prozesseinflussgrößen und der induzierten duktilen Schädigung beim Tiefziehen steigern lässt. In einem ersten Schritt wurden die Prozesseinflussgrößen beim Tiefziehen variiert und deren Einfluss auf die resultierenden Lastpfade in Form von Spannungs- und Dehnungsgrößen numerisch analysiert. Im zweiten Schritt wurde untersucht, inwieweit die durch die Variation der Prozesseinflussgrößen erzeugten Lastpfade die beim Tiefziehen induzierte duktile Schädigung beeinflussen. Im dritten Schritt wurde die Leistungsfähigkeit tiefgezogener Blechwerkstücke quantifiziert, um den Einfluss unterschiedlicher Lastpfade und der daraus resultierenden duktilen Schädigung zu bestimmen. Im vierten und letzten Schritt wurde ein weiterer Werkstoff mit ausgewählten Prozesseinflussgrößen tiefgezogen, um die Übertragbarkeit der gewonnenen Erkenntnisse auf einen weiteren Werkstoff zu überprüfen.

Abstract

Achieving climate targets is becoming increasingly important for Germany as an industrial location. In this context, sustainable and resource-efficient production is required, in which the automotive industry plays a key role. Despite measures already taken, CO_2 emissions in the transport sector have remained largely constant since 1990, which is partly due to increasing vehicle weight and the associated higher fuel consumption. The increasing use of steel to meet safety and comfort requirements is also contributing to the rise in CO_2 emissions. In addition, trade restrictions and geopolitical tensions are leading to rising steel prices, which are putting additional pressure on production costs in the automotive industry.

One promising strategy for overcoming these challenges is lightweight design, particularly through the use of high-strength steels. Component optimization can save materials and reduce weight without neglecting safety requirements. A central challenge here, however, is the ductile damage caused by production, which both influences the production process and offers optimization potential for lightweight design. A deeper understanding of this damage is crucial in order to specifically modify manufacturing processes and realize material savings in terms of lightweight design.

As part of the research project, a contribution was made to the understanding of ductile damage in sheet metal materials. It was investigated to what extent the component performance of deep-drawn workpieces made of DP800 dual-phase steel can be increased by the interactions between the process influencing parameters and the induced ductile damage during deep drawing. In the first step, the process influencing parameters during deep drawing were varied and their impact on the resulting load paths in the form of stress and strain values was analyzed. In the second step, the extent to which the load paths generated by the variation of the process influencing parameters affect the ductile damage induced during deep drawing was investigated. In the third step, the performance of deep-drawn sheet metal workpieces was quantified in order to determine the influence of different load paths and the resulting ductile damage. In the fourth and final step, another material was deep-drawn with selected process influencing parameters in order to test the transferability of the knowledge gained to another material.

Inhaltsverzeichnis

Table of contents

Formelzeichen und Abkürzungen

Symbols and abbreviations

Großbuchstaben

A_{eff}	mm²	Effektive Fläche
Ag	%	Gleichmaßdehnung
A_{Gesamt}	mm²	Gesamtfläche
A_{Poren}	mm²	Porenfläche
At	%	Bruchdehnung
$\dot{D}$	-	Schädigungsrate
D	-	Schädigungsparameter
D_{p}	mm	Ursprünglicher Durchmesser
D_{a}	mm	Durchmesser des Blechzuschnitts im Ausgangszustand
D_i	mm	deformierte Durchmesser
F_{Cf}	kN	Gegenkraft
F_{D}	-	Schädigungsdissipationspotential
F_{Df}	kN	Ziehkraft
F_{N}	kN	Normalkraft
F_{Nh}	kN	Niederhalterkraft
F_{R}	kN	Reibkraft
F_{St}	kN	Stempelkraft
F_{Tf}	kN	Tangentialkraft
F_{Zug}	kN	Zugkraft
I	-	Einheitsmatrix
I_1, I_2, I_3	-	Invarianten
J_1, J_2, J_3	-	Deviatorischer Spannungsanteil
K	-	Verfestigungskonstante
L_{e}	mm	Minimale Elementgröße
Rm	N/mm²	Zugfestigkeit
R_{K}	mm	Kerbenradius
S	-	Schädigungsparameter
T	K	Temperatur
T_{DP}	°C	Interkritische Glühtemperatur DP- Stahl
W	J	Umformarbeit
Y	-	Freisetzungsrate

Kleinbuchstaben

a_{p}	mm	Mittelpunktsabstand
b	-	Schädigungsparameter
b_{H}	mm	Bahnabstand
b_{M}	mm	Matrizenbreite
b_{St}	mm	Stempelbreite
b_{WS}	mm	Blechzuschnittsbreite
b_{ZP}	mm	Probenbreite
$b_{\mathrm{ZP,H}}$	mm	Kopfbreite
c	-	Regressionskoeffizienten
d_0	mm	Stempeldurchmesser
f_{H}	Hz	Frequenz
f_i	-	Massenskalierungsfaktor
h_{H}	mm	Hub
h_{ZP}	mm	Kopfhöhe
i	-	Kontaktnormalspannungskoeffizient
j	-	Relativgeschwindigkeitskoeffizient
k	-	Temperaturkoeffizient
l	-	Normalspannungskoeffizient des Reibmodells nach Klocke
l_{m}	mm	Matrizenlänge
l_{St}	mm	Stempellänge
l_{WS}	mm	Blechlänge
$l_{\mathrm{ZP,c}}$	mm	Länge Zugprobe
$l_{\mathrm{ZP,0}}$	mm	Anfangsmesslänge Zugprobe
m	-	Geschwindigkeitskoeffizient des Reibmodells nach Klocke
n	-	Temperaturkoeffizient des Reibmodells nach Klocke
$n_{\mathrm{Öl}}$	g/m²	Ölmenge
R_{K}	mm	Kerbenradius
r_{M}	mm	Matrizenradius
$r_{\mathrm{M,E}}$	mm	Matrizeneckenradius
r_{St}	mm	Stempelradius
$r_{\mathrm{St,E}}$	mm	Stempeleckradius
r_{WS}	mm	Blechzuschnittseckenradius
r_{ZP}	mm	Übergangsradius

s_0	mm	Ausgangsblechdicke
s_{min}	mm	Minimale Blechdicke
s_{Z}	mm	Ziehspalt
s_{Zug}	mm	Zugweg
Δt_i	s	Stable Time Increment
t	sek	Zeitbereich
v_{rel}	mm/s	Relativgeschwindigkeit
v_{St}	mm/s	Stempelgeschwindigkeit
v_{Zug}	mm/s	Zuggeschwindigkeit
x	mm	Stempelweg
x_{Bl}	mm	Blechdicke

Griechische Buchstaben

α_{GSS}	-	Global seed size
α_{H}	mm	Eindruckabstand
α_{MDF}	-	Maximum Deviation Factor
α_{MSC}	-	Minimum Size Control
α_{Zieh}	mm	Ziehspalt
β	-	Ziehverhältnis
β_{max}	-	Maximales Ziehverhältnis
ε	-	Dehnung
$\dot{\varepsilon}_{\mathrm{pl}}$	1/s	Plastische Dehnrate
$\varepsilon_{\mathrm{pl}}$	-	Plastische Dehnung
$\varepsilon_{\mathrm{Wahr}}$	-	Wahre Dehnung
η	-	Triaxialität
$\bar{\theta}$	-	Lode-Winkel-Parameter
θ	-	Lode-Winkel
$\dot{\lambda}$	-	Plastischer Multiplikator
λ_0	mm	Spezifische Fluidfilmdicke
μ	-	Reibungskoeffizient
ν	-	Querkontraktionszahl
ξ	-	Dritte Normierte Invariante
ρ	kg/m³	Dichte
$\Delta\sigma_{\mathrm{vM}}$	%	Prozentuale Abweichung der von Mises-Vergleichs-spannung

$\sigma_1, \sigma_2, \sigma_3$	N/mm²	Hauptspannungen
σ_{eff}	N/mm²	Effektive Spannung
σ_{h}	N/mm²	Hydrostatische Spannung
σ_{ij}	N/mm²	Cauchy-Spannungstensor
$\sigma_{ij}{}'$	N/mm²	Deviatorischer Spannungsanteil
$\sigma_{ij}{}^{\mathrm{h}}$	N/mm²	Hydrostatischer Spannungsanteil
σ_{m}	N/mm²	Mittlere Spannung
σ_{N}	N/mm²	Kontaktnormalspannung
σ_{r}	N/mm²	Radialspannung
σ_{t}	N/mm²	Tangentialspannung
σ_{vM}	N/mm²	Von Mises-Vergleichsspannung
σ_{Wahr}	N/mm²	Wahre Spannung
τ	N/mm²	Schubspannung
τ_{max}	N/mm²	Maximale Schubspannung
φ_{Bl}	°	Walzrichtung
φ_i	-	Umformgrad
φ_{pl}	-	Plastische Vergleichsformänderung
$\varphi_{\mathrm{pl.Visio}}$	-	Plastische Dehnung
φ_1	-	Hauptformänderung
φ_2	-	Nebenformänderung
$\omega(\sigma)$	-	Spannungsfunktion

Abkürzungen

3D	Dreidimensional
DP-Stähle	Dualphasenstähle
E-Modul	Elastizitätsmodul
EDX	Energiedispersiver Röntgenspektroskopie
FEM	Finite-Elemente-Methode
FLC	Grenzformänderungskurven
FLD	Grenzformänderungsdiagramm
GTN	Gurson - Tvergaard - Needleman
MBW	Modifiziertes Bai – Wierzbicki Modell
MOH	Maschinelles Oberflächenhämmern
REM	Rasterelektronenmikroskop
ST	Struktur mit geschlossenen Schmierstofftaschen

TV	Struktur mit offenen Schmierstofftaschen

1 Einleitung

Introduction

Die Erreichung der Klimaziele ist im Industriestandort Deutschland von zunehmender Bedeutung. So gilt es gemäß des europäischen *Green Deal* die Treibhausgasemissionen bis 2030 um 55 % im Vergleich zu 1990 zu senken und bis 2050 Klimaneutralität zu erreichen [EURO19]. Dazu ist es notwendig, Nachhaltigkeit und Ressourceneffizienz mehrdimensional tiefgreifend zu reflektieren und neu zu interpretieren. Als eine der einflussreichsten deutschen Schlüsselindustrien ist es erforderlich, dass die Automobilindustrie im Kontext des Wandels zu einer nachhaltigen Produktion eine Vorreiterrolle einnimmt. Seit dem Jahr 1990 ist der Ausstoß an CO_2-Emissionen im Verkehrssektor jedoch trotz Maßnahmen zur Reduktion fast unverändert [STAT24b]. Dies lässt sich insbesondere auf zwei wesentliche Faktoren zurückführen: Einerseits auf die wachsende Anzahl an Fahrzeugen auf den Straßen [STAT24a], andererseits auf steigende Fahrzeuggewichte [STAT22], die auf strengere Sicherheitsanforderungen sowie höhere Komfortanforderungen der Kunden zurückzuführen sind. Beides führt zwangsläufig zu einem insgesamt höheren Treibstoffverbrauch und somit zu einem Anstieg der CO_2-Emissionen. Die steigenden Fahrzeuggewichte wiederum sind mit einem verstärkten Einsatz an Stahl in der Fahrzeugproduktion gekoppelt. In der Konsequenz steigt die Nachfrage nach Stahl in der Automobilindustrie kontinuierlich an, was wiederum die CO_2-Emissionen aufgrund der Produktionsprozesse in der Stahlindustrie beeinflusst. Darüber hinaus sieht sich die Automobilindustrie gegenwärtig mit der Herausforderung steigender Stahlpreise konfrontiert [STAT23]. Die Hauptgründe für diese Entwicklung sind externe Faktoren, wie Handelsbeschränkungen, Engpässe in der Rohstoffversorgung und geopolitische Spannungen. Dabei können sich Preiserhöhungen negativ auf die Rentabilität der Unternehmen in der Automobilindustrie auswirken und zu höheren Produktionskosten führen, wodurch die internationale Wettbewerbsfähigkeit eingeschränkt wird. Folglich gilt es Strategien zu entwickeln, um den genannten Herausforderungen zu begegnen. Eine der möglichen Strategien, hin zu einer effizienteren und ressourcenschonenderen Fertigung, stellt die Leichtbauweise dar [BUND23]. Hierbei wird durch die Optimierung von Bauteilen, z.B. durch den Einsatz hochfester Stähle, die geforderte Bauteilleistungsfähigkeit mit minimalem Werkstoffeinsatz erreicht. Dies erhöht die Nachhaltigkeit und Ressourceneffizienz der Produktion, indem der Einsatz von Halbzeugen reduziert, das Bauteilgewicht gesenkt und gleichzeitig die Erfüllung der stetig steigenden Sicherheitsanforderungen gewährleistet wird.

Hochfeste Stähle, wie Dualphasenstähle, werden häufig in Karosseriestrukturen von Fahrzeugen eingesetzt, mit dem Ziel die Blechdicke zu reduzieren und Leichtbauweisen zu ermöglichen. Allerdings können bei hochfesten Stählen, die häufig einen hohen Martensitanteil besitzen, beispielsweise durch Schädigung während der Herstellung von Karosseriestrukturen, unvorhergesehene Ausfälle durch Versagen auftreten [MARD82]. Dies führt dazu, dass die breite Anwendung insbesondere aufgrund des begrenzten Wissens über Schädigungs- und Versagensmechanismen entlang der Prozesskette der entsprechenden Bauteile begrenzt ist [HOEF15].

Das Tiefziehen ist eines der wichtigsten Fertigungsverfahren bei der Herstellung von Karosseriestrukturen [KLOC17]. Als Blechumformverfahren erfüllt das Tiefziehen durch die optimale Ressourcennutzung in hohem Maße die stetig wachsenden Anforderungen an eine nachhaltige und ressourceneffiziente Produktion und ermöglicht die endkonturnahe Fertigung von Blechbauteilen mit komplexen Geometrien in hohen Stückzahlen. Die effiziente Werkstoffnutzung bei hervorragenden Bauteileigenschaften sichert eine hohe Wirtschaftlichkeit des Verfahrens und bietet darüber hinaus die Möglichkeit, Leichtbaupotenziale zu erschließen. Die enormen Stückzahlen im Automobilbereich führen dabei zu einer hohen ökonomischen und ökologischen Attraktivität tiefgezogene Blechbauteile hinsichtlich einer noch höheren Nachhaltigkeit und Ressourceneffizient zu optimieren.

Ein möglicher Ansatz durch Tiefziehen hergestellte Karosseriestrukturen im Sinne der Leichtbauweise zu verbessern, stellt der derzeit nur begrenzt erforschte Ansatz dar, die duktile Schädigung im Werkstoff zu beeinflussen [TEKK20]. Hierbei liegt die Prämisse zugrunde, dass jedes Fertigungsverfahren entlang der Prozesskette die Mikrostruktur des Bauteils verändert und dadurch die mechanischen Eigenschaften beeinflusst. Neben den positiven Effekten, wie der Kaltverfestigung, stellt sich dabei eine duktile Schädigung in Form von Poren ein, die sich negativ auf die Bauteilleistungsfähigkeit auswirken kann. Unter der Bauteilleistungsfähigkeit wird dabei die Beanspruchbarkeit eines Bauteils im für die Auslegung relevanten Lastfall bezogen auf seine Masse verstanden. Die Veränderung der Mikrostruktur des Bauteils wird dabei sowohl durch die werkstoffspezifischen Eigenschaften als auch die Prozesseinflussgrößen, wie den Prozessparametern und der Prozessführung, der Prozesskette bestimmt. Die Vision der Beeinflussung der duktilen Schädigung ist es, die Bauteilleistungsfähigkeit durch die gezielte Einstellung der duktilen Schädigung der Bauteile mittels der Prozesseinflussgrößen der Prozesskette zu erhöhen.

Gegenstand dieser Arbeit ist daher, die Ursache-Wirkungs-Zusammenhänge zwischen den Prozesseinflussgrößen beim Tiefziehen als Fertigungsverfahren der Prozesskette von Karosseriestrukturen und der induzierten Schädigung am Beispiel eines Dualphasenstahl zu analysieren. Hierfür werden die duktile Schädigung beeinflussenden Prozesseinflussgrößen beim Tiefziehen identifiziert und deren Auswirkungen auf den sich einstellenden Schädigungszustand quantifiziert. Damit wird die Grundlage geschaffen, die duktile Schädigung gezielt zur Steigerung der Bauteilleistungsfähigkeit zu nutzen und die Möglichkeiten zur Leichtbauweise von Bauteilen, wie Karosseriestrukturen, zu erweitern.

Introduction

The achievement of climate targets is becoming increasingly important for Germany as an industrial location. As part of the European *Green Deal*, greenhouse gas emissions must be reduced by 55% by 2030 in comparison to 1990 levels, and climate neutrality must be achieved by 2050 [EURO19]. To this end, sustainability and resource efficiency must be reflected upon and reinterpreted in a multi-dimensional and profound manner. As one of the most influential german key industries, the automotive industry must play a pioneering role in the context of the transition to sustainable production. However, since 1990, CO_2-emissions in the transport sector have remained almost unchanged despite measures to reduce them [STAT24b]. This can be attributed to two main factors in particular: On the one hand, the growing number of vehicles on the roads [STAT24a], and on the other hand, increasing vehicle weights [STAT22] due to stricter safety requirements and higher comfort demands from customers. Both of these factors inevitably lead to higher fuel consumption overall and thus to an increase in CO_2-emissions. The increasing vehicle weights are in turn linked to the increased use of steel in vehicle production. Consequently, the demand for steel in the automotive industry is persistently on the rise, which in turn has an impact on CO_2-emissions due to the production processes in the steel industry. Furthermore, the automotive industry is currently confronted with the challenge of rising steel prices [STAT23]. The principal factors driving this development are external influences such as trade restrictions, bottlenecks in the supply of raw materials and geopolitical tensions. Price increases can have a detrimental impact on the profitability of companies in the automotive industry and lead to higher production costs, thereby limiting international competitiveness. Consequently, strategies must be developed to counter the challenges mentioned. One of the potential strategies for more efficient and resource-saving production is lightweight design [BUND23]. By optimizing components, for instance through the use of high-strength steels, the required performance can be achieved with minimal use of materials. This increases the sustainability and resource efficiency of production by reducing the use of semi-finished products, lowering the component weight and at the same time ensuring fulfilment of the ever-increasing safety requirements.

High-strength steels, such as dual-phase steels, are frequently employed in vehicle body structures with the objective of reducing sheet thickness and enabling lightweight designs. However, unanticipated failures can occur in high-strength steels, which often exhibit a high martensite content, for instance due to damage during the manufacture of vehicle body structures [MARD82]. Consequently, the extensive application of these materials is constrained, particularly due to the limited understanding of the damage and failure mechanisms that occur throughout the manufacturing process of the relevant components [HOEF15].

Deep drawing is a key manufacturing process in the production of vehicle body structures [KLOC17]. As a sheet metal forming process, deep drawing fullfils the constantly growing requirements for sustainable and resource-efficient production to a high degree thanks to the optimal use of resources and enables the near-net-shape production of sheet metal components with complex geometries in large quantities. The process is highly cost-effective due to the efficient utilization of materials and the superior quality of the components produced. Furthermore, it offers the potential to tap into the growing market for lightweight design. The automotive sector is particularly attractive for the optimization of deep-drawn sheet metal components with regard to greater sustainability and resource efficiency, given the vast quantities involved.

One potential approach to enhancing the lightweight design of vehicle body structures produced by deep drawing is the current limited research into the influence of ductile damage in the material [TEKK20]. This is based on the premise that each manufacturing process along the process chain alters the microstructure of the component, thereby influencing the mechanical properties of the component. In addition to beneficial effects, such as work hardening, ductile damage manifests in the form of voids, which can have a detrimental impact on component performance. In this context, component performance refers to the ability of a component to withstand loads in the load case relevant for the design in relation to its mass.The change in the microstructure of the component is determined by both material-specific properties and process-specific parameters. Thereby, the vision is to influence the ductile damage in order to enhance component performance. This is achieved by adjusting the ductile damage of the components through the process-specific parameters of the process chain.

The subject of this thesis is therefore to analyse the cause-effect relationships between the process-specific parameters during deep drawing as a manufacturing process in the process chain of vehicle body structures and the induced ductile damage using the example of dual-phase steel. For this purpose, the process-specific parameters influencing the ductile damage during deep drawing are identified and their effects on the ductile damage that occurs are quantified. This will create the basis for utilizing ductile damage in a targeted manner to increase component performance and expand the possibilities for lightweight design of sheet metal components such as car body structures.

2 Stand der Erkenntnisse

State of the art

Eine der größten Herausforderungen der nächsten Jahre wird die Erreichung der stetig wachsenden Klimaziele sein, sowohl in der deutschen Industrielandschaft als auch im globalen Kontext. Um dies zu erreichen, ist es zwingend notwendig, dass die Konzepte der Nachhaltigkeit von verschiedensten Industriezweigen in ihrer Komplexität umfassend überdacht und neugestaltet werden. Die Fortschritte in Richtung Nachhaltigkeit in der Produktion erfordern eine kontinuierliche Weiterentwicklung zu effizienten und ressourcenschonenden Fertigungsverfahren. Nachfolgend werden in Kapitel 2.1 die Grundlagen des Tiefziehens als ressourcenschonendes Fertigungsverfahren aufgearbeitet. Im Fokus stehen dabei insbesondere die auftretenden Spannungszustände während des Prozesses sowie die Einflussmöglichkeiten auf das Prozessfenster. Anschließend wird in Kapitel 2.2 die Schädigung in Dualphasenstählen thematisiert sowie das Potenzial, die Werkstückeigenschaften durch die gezielte Beeinflussung der Schädigungsevolution zu modifizieren, analysiert. Abschließend wird in Kapitel 2.3 das Forschungsdefizit durch Kombination beider Themenbereiche abgeleitet.

2.1 Tiefziehen

Deep drawing

Das Tiefziehen wird nach DIN 8580 in die Hauptgruppe des Umformens eingeordnet. Beim Tiefziehen wird durch plastische Formänderung eines festen Körpers bei Zusammenhalt und Erhalt dessen Masse ein Blechwerkstück in eine neue Geometrie gebracht [DIN22]. Weiterführend zählt DIN 8584 das Verfahren als Zug-Druckumformen eines ebenen Blechzuschnitts zu einem Hohlkörper, ohne dass eine gezielte Blechdickenänderung auftritt. Das Verfahren wird dabei in Tiefziehen mit Werkzeugen, Wirkmedien und Wirkenergie aufgeteilt. [DIN03] Die Anwendungsbereiche des Tiefziehens sind vielfältig und reichen von der Herstellung von Verpackungsmaterialien bis hin zur Produktion von Karosserieteilen im Automobilbau [KLOC17]. Auch in der Elektro- und Elektronikindustrie sowie im Maschinen- und Apparatebau wird das Tiefziehen häufig eingesetzt [FRIT15]. Das Verfahren des Tiefziehens mit Werkzeugen erfordert die Zusammenarbeit von verschiedenen Werkzeugelementen. Um einen Blechzuschnitt in ein Blechwerkstück umzuformen, sind ein Stempel, ein Niederhalter und eine Matrize notwendig (Abbildung 2.1a)).

Zu Beginn des Tiefziehens wird der Blechzuschnitt auf der Matrize platziert und anschließend vom Niederhalter mit einer vordefinierten Kraft beaufschlagt sowie fixiert. Der Stempel bewegt sich linear in Richtung der Matrize und zieht den Blechzuschnitt über den Matrizenradius in die Matrize hinein. Dabei wird zunächst der Boden des Blechwerkstücks ausgeformt. [DOEG16] Aufgrund der hierbei vorherrschenden Spannungszustände wird der Vorgang dem Zugumformen zugeordnet, da zunächst kein Werkstoff aus dem Flanschbereich nachfließt und eine lokale Blechdickenänderung auftritt [BIRK13]. Die größte Blechdickenänderung in Form einer Blechdickenabnahme findet jeweils am kleineren Radius statt: entweder am Matrizen- oder Stempelradius (Abbildung 2.1b)). Übersteigt die durch den Stempel eingeleitete Kraft anschließend die sogenannte Flanscheinzugskraft, beginnt der eigentliche Vorgang des Tiefziehens. Dabei verringern sich die Außenmaße des Blechzuschnitts kontinuierlich, bis die gewünschte Geometrie des Blechwerkstücks erreicht ist. Der Blechzuschnitt fließt währenddessen zwischen dem Niederhalter und der Matrize nach. [SIMO90] In Abhängigkeit von der Geometrie des Blechwerkstücks wird eine Faltenbildung oder ein Hochbiegen des Werkstoffes im Flanschbereich durch den mit Kraft beaufschlagten Niederhalter verhindert [DIET18]. Nach Abschluss der Umformung fährt der Stempel in seine Ausgangsposition zurück. Abbildung 2.1c) zeigt die charakteristischen Bereiche eines rotationssymmetrischen, tiefgezogenen Blechwerkstückes nach der Umformung, welche auch auf weitere Geometrien, wie rechteckige Blechwerkstücke, übertragen werden können [TRAU16].

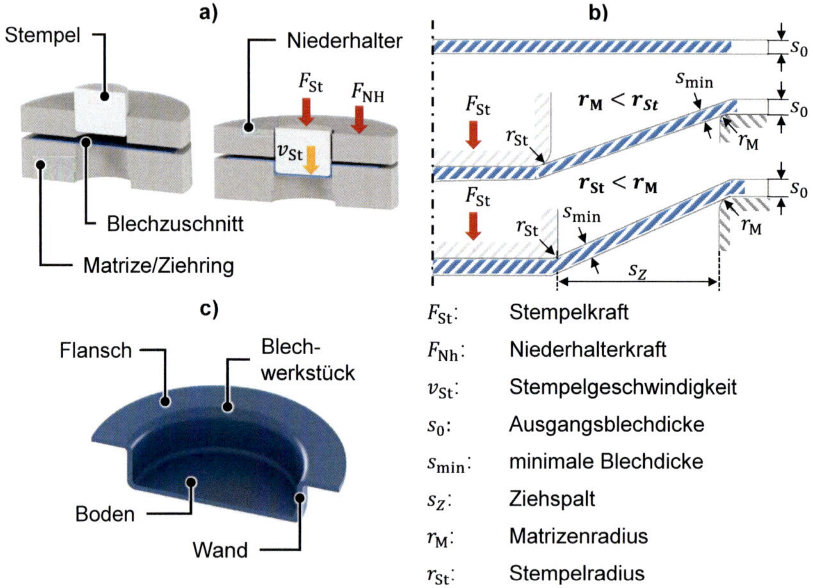

F_{St}:	Stempelkraft
F_{Nh}:	Niederhalterkraft
v_{St}:	Stempelgeschwindigkeit
s_0:	Ausgangsblechdicke
s_{min}:	minimale Blechdicke
s_Z:	Ziehspalt
r_M:	Matrizenradius
r_{St}:	Stempelradius

Abbildung 2.1: a) Schematische Darstellung des Verfahrensprinzips des Tiefziehens [KLOC17], b) Blechdickenabnahme in Abhängigkeit von den Werkzeugelementen [SIMO90] und c) charakteristischen Bereiche eines rotationssymmetrischen, tiefgezogenen Blechwerkstücks [TRAU16]

a) Schematic depiction of the deep drawing process principle [KLOC17], b) sheet thickness reduction as a function of the tool elements [SIMO90] and c) characteristic areas of a rotationally symmetrical, deep-drawn sheet metal workpiece [TRAU16]

Spannungszustände beim Tiefziehen

Beim Tiefziehen stellen sich örtlich unterschiedliche Spannungszustände ein (Abbildung 2.2). Bei rotationssymmetrischen Blechwerkstücken wird die plastische Umformung des Flanschs durch eine Superposition von radialen Zugspannungen, tangentialen Druckspannungen und normalen Druckspannungen geprägt. Die tangentialen Druckspannungen sind dabei maßgeblich für die Tendenz der Faltenbildung verantwortlich und resultieren aus einem Werkstoffüberschuss. Im Wandbereich dominieren hingegen aufgrund der indirekten Krafteinleitung durch den Stempel radiale sowie tangentiale Zugspannungen. Gleiches gilt für den Bodenbereich. [DOEG16]

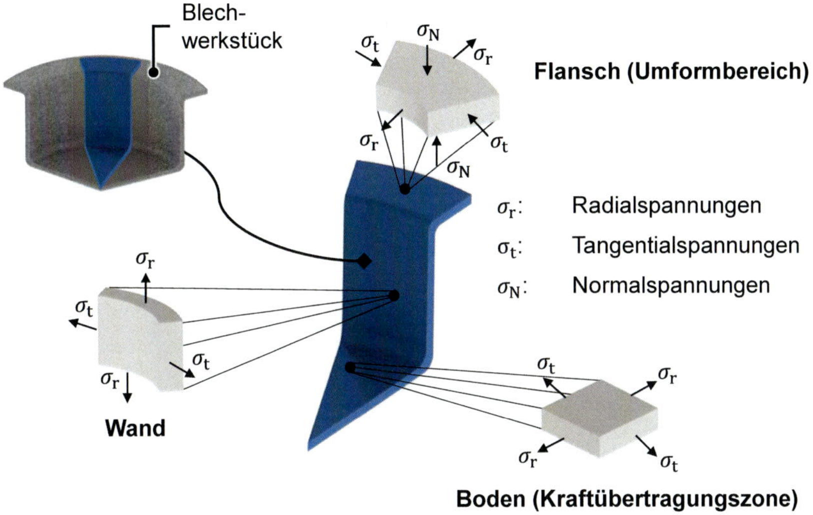

Abbildung 2.2: Spannungszustände in rotationssymmetrischen Blechwerkstücken beim Tiefziehen [DOEG16]

Stress states in rotationally symmetrical sheet metal workpieces during deep drawing [DOEG16]

Der dem Verfahren charakteristische Zug-Druck-Spannungszustand, wie durch DIN 8584 beschrieben wird, herrscht nur im Flanschbereich und tritt aufgrund des dort vorliegenden Werkstoffüberschusses auf. Entsprechend müsste die Definition des Tiefziehens eigentlich auf rotationssymmetrische Blechwerkstücke beschränkt sein, da eine Abweichung der Geometrie bereits zu gänzlich anderen Spannungszuständen führen kann. [BIRK13]

Bei nicht rotationssymmetrischen Blechwerkstücken stellt die Charakterisierung des Spannungszustands eine besondere Herausforderung dar. Ein Beispiel dafür sind rechteckige Blechwerkstücke. Bei der Umformung eines rechteckigen Blechwerkstücks wird der Werkstofffluss durch die Ecken und den dort vorliegenden Werkstoffüberschuss, wie auch bei rotationsymmetrischen Blechwerkstücken, lokal gehemmt. Im Gegensatz dazu fließt der Werkstoff in der Mitte der Kanten des Blechzuschnitts ungehindert, sodass eine globale Beschreibung der Spannungszustände im Blechwerkstück ortsabhängig und nicht mehr möglich ist. [KLOC17] Zusätzlich stellt sich eine ungleichmäßige Blechdickenänderung aufgrund des lokal variierenden Werkstoffflusses ein. Dies beeinflusst die Flächenpressung zwischen dem Niederhalter, dem Blechzuschnitt und der Matrize, sodass der Spannungszustand während der Umformung weiter variiert. Sowohl eine Zunahme als auch eine Abnahme der Flächenpressung bergen dabei Herausforderungen. Eine erhöhte Flächenpressung führt zu einer größeren Reibung zwischen dem Niederhalter, dem Blechzuschnitt und der Matrize, was das Risiko von Rissbildung erhöht. Im Gegensatz dazu kann bei einer starken Verringerung der Flächenpressung die Bildung von Falten nicht mehr effektiv verhindert werden. [DOEG16]

Abhängig vom Spannungszustand verteilen sich auftretende Blechdickenänderungen bei rotationssymmetrischen Blechwerkstücken auf die Hauptspannungsrichtungen in radialer und tangentialer Richtung sowie orthogonal zur Blechoberfläche. Da der Blechzuschnitt während des Tiefziehens verschiedenen Spannungszuständen ausgesetzt ist, variieren die Blechdicken im Blechwerkstück nach dem Tiefziehvorgang. Die ursprüngliche Blechdicke bleibt nur in der Bodenmitte erhalten. Zum Übergang von Boden zur Wand nimmt die Blechdicke erheblich ab und weist ihr Minimum am Stempelradius auf. In der Wand des Blechwerkstückes nimmt die Blechdicke wieder zu und erreicht ihr Maximum am oberen Rand der Wand mit einem Wert größer als die ursprüngliche Blechdicke. [KLOC17] Es stellt sich dabei die in Abbildung 2.3a) dargestellte Blechdickenänderung ein [DOEG16].

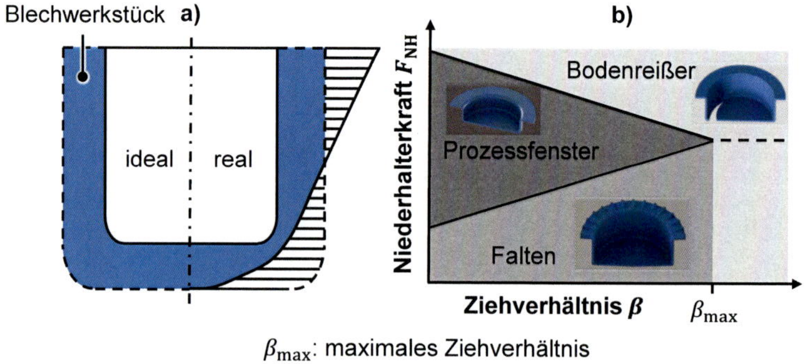

Abbildung 2.3: a) Blechdickenänderungen am tiefgezogenen Blechwerkstück [DOEG16] und b) Prozessfenster beim Tiefziehen [LANG02]

a) Sheet thickness variation in the deep-drawn sheet metal workpiece [DOEG16] and b) process window after deep drawing [LANG02]

Prozessfenster und Versagen beim Tiefziehen

Ausgehend von den auftretenden Blechdickenänderung im Blechwerkstück, insbesondere im Übergang von Boden zur Wand, ergibt sich unter Beachtung der Tendenz zur Faltenbildung des Werkstoffes ein Prozessfenster für das Tiefziehen (Abbildung **2.3**b)).

Das Prozessfenster ist neben der Niederhalterkraft F_{Nh} maßgeblich von dem sogenannten Ziehverhältnis β abhängig. Dabei beschreibt das Ziehverhältnis das Verhältnis des Durchmessers des Blechzuschnitts im Ausgangszustand D_a sowie des Stempels d_0 (Formel 2.1) und gilt insbesondere für rotationssymmetrische Geometrien. [BIRK13]

$$\beta = \frac{D_a}{d_0} \qquad (2.1)$$

Das Ziehverhältnis ist nach obenhin begrenzt, da mit steigendem Wert des Ziehverhältnisses bei ansonsten konstanten Bedingungen die Fläche der Umformzone, also der Bereich zwischen Stempel und äußerem Rand des Blechzuschnitts, zunimmt. Folglich steigt die erforderliche Umformarbeit und die Kraft, die es vom Boden des Blechwerkstücks über die Wand in den Flansch zu übertragen gilt. Mit steigender Umformarbeit nimmt entsprechend bei konstanter Blechdicke die Zugspannung in der Wand des Blechwerkstücks zu. Dies kann bei einem zu hohen Ziehverhältnis zu einem Versagen des Blechwerkstücks in Form von Bodenreißern führen. [BIRK13] Bodenreißer treten auf, wenn die Zugfestigkeit des Werkstoffs während der Umformung überschritten wird. Dies kann bei rotationssymmetrischen Blechwerkstücken durch ein zu großes Ziehverhältnis oder durch über den Ziehring gezogene Falten aus dem Flansch verursacht werden. Bei rechteckigen Blechwerkstücken hingegen entstehen Bodenreißer insbesondere durch die lokal variierenden Spannungszustände. Der Werkstoff wird in den Ecken aufgestaut, während er an den geraden Seiten lediglich einer Biegebeanspruchung unterliegt. So entsteht in den Ecken die erhöhte Gefahr, die Zugfestigkeit des Werkstoffes zu überschreiten. [KLOC17]

Neben Bodenreißern und Falten wird das Prozessfenster von weiteren möglichen Versagensarten eingeschränkt. Dazu gehören der Bodenabriss, die Zipfelbildung, die Lippenbildung, Zargenrisse und Fließfiguren, die alle vom Spannungszustand während der Umformung beeinflusst werden (Abbildung 2.4) [LANG75]. Bodenabrisse entstehen durch zu kleine Ziehringradien, einen zu geringen Ziehspalt, zu große Ziehgeschwindigkeiten oder zu hohe Niederhalterkräfte. [KLOC17] Die Zipfelbildung beschreibt die Ausbildung einer wellenförmigen Struktur an der Oberkante der Wand oder an der Außenkante des Flansches des Blechwerkstücks (Abbildung 2.5d)). Dieser Fehler tritt aufgrund der im Blech vorherrschenden Anisotropie auf. [HOFF12] Die Lippenbildung ist auf eine erhöhte Kaltverfestigung zurückzuführen und entsteht, wenn der Ziehspalt zwischen Werkzeug und Werkstück zu groß eingestellt ist. Zargenrisse, auch Wandrisse, treten häufig bei rechteckigen Blechwerkstücken auf und sind meist auf eine fehlerhafte Auslegung des Blechzuschnitts zurückzuführen. Zu weiteren Ursachen zählen eine ungleiche Blechdicke, ungeeignete Schmierung sowie Verschleiß der Werkzeugelemente. Fließfiguren treten vorwiegend bei hohen Spannungen auf und sind meist an den Böden, seltener an den Wänden von tiefgezogenen Blechwerkstücken zu finden sind. Fließlinien sind besonders aus ästhetischen Gründen bei der Herstellung von flachen, nicht zylindrischen Blechwerkstücken, wie Karosserieteilen, die großflächig lackiert oder gespritzt werden, unerwünscht. Sie treten vor allem nach geringen plastischen Formänderungen von alterungsempfindlichen Werkstoffen mit ausgeprägter Streckgrenze auf. [KLOC17]

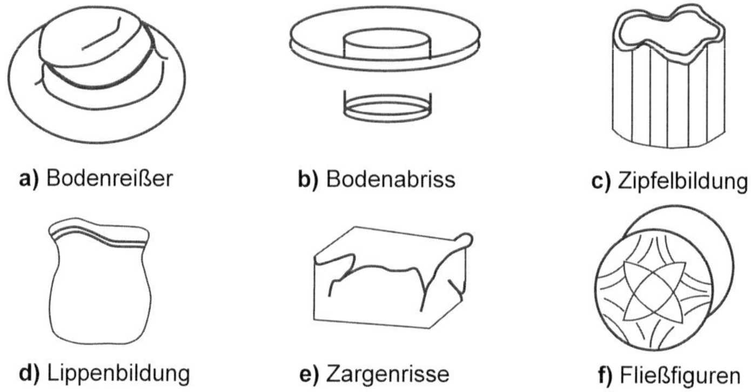

Abbildung 2.4: Schematische Darstellung von Tiefziehfehlern [LANG75]
Schematic depiction of deep drawn faults [LANG75]

Beeinflussung des Prozessfensters beim Tiefziehen

Um das Prozessfenster beim Tiefziehen zu erweitern und die Versagensgrenzen zu verschieben, ergeben sich unterschiedliche Möglichkeiten. Eine Möglichkeit stellen Verfahrensvarianten des Tiefziehens da, die gezielt die Beziehung zwischen dem Ziehverhältnis und der Umformzone ausnutzen. Das Ziel ist die Fertigung von Blechwerkstücken mit komplexen Geometrien oder hohen Ziehverhältnissen durch Änderung der Prozessführung, indem in aufeinander folgenden Stufen durch Verkleinerung der Umformzone und somit Reduktion der Zugspannungen in der Wand umgeformt wird [KLOC17]. Eine Möglichkeit zur Fertigung von Blechwerkstücken in Stufen stellt das Weiterziehen dar, auch Tiefziehen im Weiterzug (Abbildung 2.5a)). Unter dem Weiterziehen wird das weitergehende Umformen von Blechwerkstücken, die in einer ersten Stufe bereits eine Vorform erhalten haben, verstanden [GROT18]. Dabei wird die Endgeometrie des Blechwerkstückes durch die stufenweise Verringerung der Stempelgröße erreicht [BIRK13].

Eine weitere Möglichkeit bietet das Stülpziehen (Abbildung 2.5b)). Ähnlich wie beim Weiterziehen, wird das in der ersten Stufe vorgeformte Blechwerkstück in einer folgenden Stufe erneut umgeformt. Jedoch ist das Verfahren durch die Bewegung des Stempels entgegengesetzt zur Richtung der Stempelwirkung der vorangegangenen Stufe charakterisiert [DIN03]. Dadurch wird die Innenseite des Blechwerkstücks aus der ersten Stufe in der zweiten Stufe zur Außenseite. Entsprechend wird das Blechwerkstück „umgestülpt“, woraus sich der Name der Verfahrensvariante ergibt. Anwendung findet das Stülpziehen hauptsächlich bei großen Blechdicken oder um gezielt Werkstoffansammlungen für die darauffolgenden Fertigungsverfahren zu erzeugen. [GROT18]

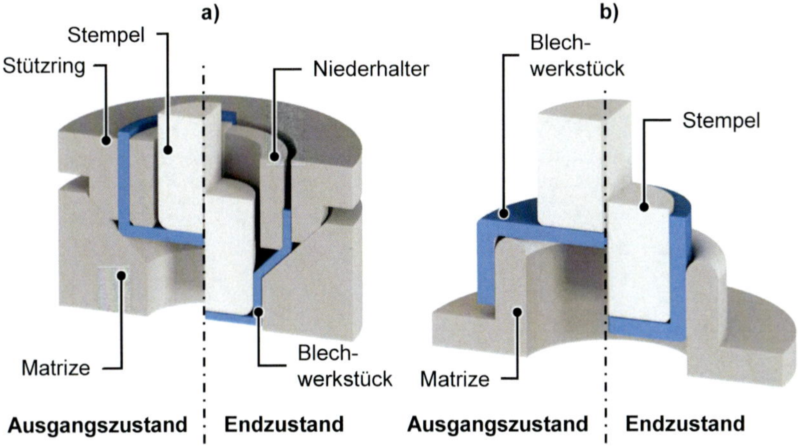

Abbildung 2.5: Verfahrensprinzip des a) Weiterziehens und b) Stülpziehens [KLOC17]
Process principle of a) redrawing and b) reverse drawing [KLOC17]

Neben der Prozessführung verändern auch die Prozessparameter das Prozessfenster beim Tiefziehen, indem der Spannungszustand während der Umformung beeinflusst wird. Für den Einfluss der Geometrie des Blechzuschnitts auf das Prozessfenster wiesen Kishor et al. nach, dass durch eine optimierte Geometrie des Blechzuschnitts die Zipfelbildung beim Tiefziehen rotationssymmetrischer Blechwerkstücke deutlich reduziert werden kann. Dafür berücksichtigten sie die im Blechzuschnitt durch das Walzen vorhandene Anisotropie und entwickelten ein numerisches Modell, das in der Lage ist, den Tiefziehprozess einschließlich auftretender Zipfelbildung abzubilden. [KISH02] Talic zeigte für rechteckige Blechwerkstücke, dass durch eine angepasste Geometrie des Blechzuschnitts die maximal mögliche Ziehtiefe gesteigert und gleichzeitig die notwendige Umformkraft reduziert werden kann [TALI09]. Reddy et al. hingegen untersuchten den Einfluss der Niederhalterkraft auf die Faltenbildung beim Tiefziehen von rotationsymmetrischen Blechwerkstücken. Sie zeigten, dass eine Erhöhung der Niederhalterkraft zwar zu einer reduzierten Faltenbildung führt, jedoch auch zu höheren Zugspannungen orthogonal zur Blechwerkstückoberfläche und letztlich zu Versagen. [VENK12] Laut Ahmetoglu et al. besitzt die Niederhalterkraft sowie die Geometrie des Blechzuschnitts einen Einfluss auf die Faltenbildung und die maximal mögliche Ziehtiefe beim Tiefziehen von rechteckigen Blechwerkstücken. Sie wiesen nach, dass die Geometrie des Blechzuschnitts nicht nur die maximal mögliche Ziehtiefe beeinflusst, sondern auch das Ausmaß der auftretenden Faltenbildung. Ferner wiesen sie darauf hin, dass eine einfache Kontrolle der Niederhalterkraft bei nicht-rotationssymmetrischen Blechwerkstücken aufgrund der lokal variierenden auftretenden Spannungen nicht ausreichend ist. [AHME95] Colgan et al. zeigten, dass der Matrizenradius einen Einfluss auf die notwendige Umformkraft besitzt und sich auch auf die Blechdickenänderung im Blechwerkstück auswirkt. So wiesen sie nach, dass mit kleiner werdendem Matrizenradius sowohl die Umformkraft als auch die Blechausdünnung zunimmt. [COLG03]

Einfluss der Reibung auf das Prozessfenster

Maßgeblichen Einfluss auf das Prozessfenster besitzt ebenfalls die Reibung, die in der Wirkfuge von Blechwerkstück und Werkzeug vorherrscht. Unter Reibung wird eine Wechselwirkung zwischen sich berührenden Stoffbereichen von Körpern verstanden [GROT18]. Reibung tritt überall da auf, wo Oberflächen unter äußerer Belastung in Kontakt stehen und wirkt der Relativbewegung entgegen [BART04]. Zu den Grundmechanismen der Reibung gehören die Mechanismen der Adhäsion, der Deformation, der elastischen Hysterese und der Dämpfung [CZIC15], welche allesamt maßgeblich von der Oberflächentopographie abhängen [WEID10].

Reibung wird nach Stribeck in Abhängigkeit von der Reibkraft und der Relativgeschwindigkeit in unterschiedliche Bereiche klassifiziert (Abbildung 2.6). Die unterschiedlichen Bereiche teilen sich in Festkörper-, Grenz-, Misch- und Flüssigkeitsreibung ein. [STRI03] Beim Tiefziehen dominieren Grenz- und Mischreibung. Von Grenzreibung wird gesprochen, wenn die auftretenden Normalkräfte vollständig von den Rauheitsspitzen aufgenommen werden. Mischreibung herrscht vor, wenn ein Teil der auftretenden Normalkräfte vom Schmierstoff und der andere Teil von den Rauheitsspitzen getragen wird. [HOL15a]

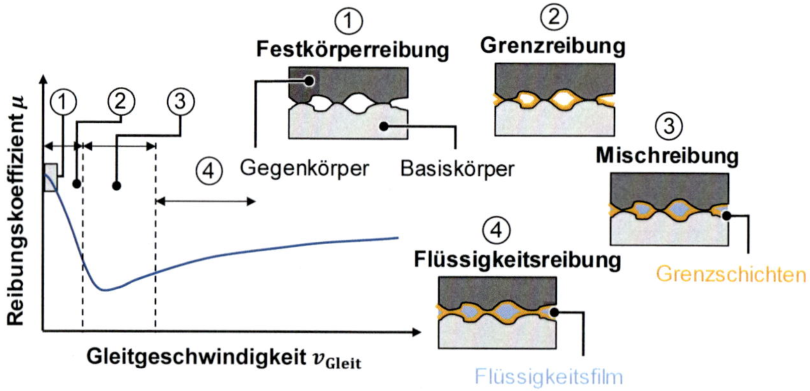

Abbildung 2.6: Stribeck Kurve [STRI03] und Reibzustände in Abhängigkeit von der Schmierung und der Gleitgeschwindigkeit [CZIC15]

Stribeck curve [STRI03] and friction conditions as a function of lubrication and relative speed [CZIC15]

Eine Möglichkeit die Reibung beim Tiefziehen gezielt zu beeinflussen, stellen Schmierstofftaschen dar. Schmierstofftaschen reduzieren die Reibung, indem sie zusammen mit dem Schmierstoff hydrostatische und hydrodynamische Effekte ermöglichen [HORW12]. Ferner wirken die Schmierstofftaschen, z.B. in Form von Strukturierungen, als Verankerung des Schmierstoffes und verbessern die Haftung an der Oberfläche des Blechwerkstücks oder Werkzeugs [STAH11]. Abhängig von der Geometrie der Schmierstofftaschen wird zusätzlich die Schmierstoffspeicherkapazität der Oberfläche erhöht, sodass während der Umformung Schmierstoff durch die Schmierstofftaschen freigegeben wird [LÖFF18].

Zur gezielten Aufbringung von Schmierstofftaschen auf der Oberfläche von Werkzeug oder Blechzuschnitt existieren unterschiedliche Ansätze. Um jedoch die Wirtschaftlichkeit des Tiefziehprozesses zu gewährleisten, wurde insbesondere versucht die Reibung durch Modifikation der Oberfläche des Werkzeugs zu beeinflussen, da die derzeitigen Verfahren zur Einbringung von Schmierstofftaschen auf Oberflächen von Blechzuschnitten aufgrund des Verschleißes der Texturierwerkzeuge häufig unwirtschaftlich sind. Darüber hinaus kann die Strukturierung auf Oberflächen von Blechzuschnitten bei mehrstufigen Umformprozessen bereits in der ersten Umformstufe beeinträchtigt werden, wodurch die Strukturierung unwirksam wird. [HAZR18]

Bei der Modifikation der Oberfläche von Tiefziehwerkzeugen zur Beeinflussung der Reibung wurden in der Vergangenheit insbesondere zwei Ansätze verfolgt. Entweder wurde die Oberfläche des Tiefziehwerkzeugs mittels Laser strukturiert, wie z.B. in Tenner et al. [TENN18], Mousavi et al. [MOUS17] und Häfner et al. [HÄFN15], oder mithilfe des maschinellen Oberflächenhämmerns (MOH), wie z.B. in Oechsner et al. [OECH14] und in Trauth et al. [TRAU16]. Mit beiden Ansätzen konnte gezeigt werden, dass maßgeschneiderte Strukturierungen auf Oberflächen von Tiefziehwerkzeugen reproduzierbar hergestellt und damit Reibung, Verschleiß und Schmierung nachhaltig verbessert werden können.

Die Reibung ist neben der Kontakttopographie von einer Vielzahl an Einflussfaktoren abhängig, wie z.B. der Temperatur, der Schmierung, der Relativgeschwindigkeit und der auftretenden Normalkräfte [PAL15]. Diese Vielzahl an Einflussfaktoren gilt es bei der Auslegung von Tiefziehprozessen zu berücksichtigen. Die Auslegung von Tiefziehprozessen erfolgt insbesondere durch die Finite-Elemente-Methode (FEM). Bei der FEM von Blechumformprozessen wird üblicherweise angenommen, dass die Reibung durch das Coulombsche Reibmodell beschrieben wird [ABBA19]. Das Coulombsche Reibmodell setzt die auftretende Reibkraft F_R mit der auftretenden Normalkraft F_N durch einen Reibkoeffizienten μ in Beziehung, der als zeitlich und räumlich konstant angenommen wird (Formel 2.2) [COUL21].

$$F_R = \mu F_N \tag{2.2}$$

Die Entwicklungen in der Modellierung der Reibung haben jedoch gezeigt, dass die Annahme eines konstanten Reibkoeffizienten in realen, technischen Anwendungen häufig nicht ausreichend ist [NIEL17]. Um eine realistischere Darstellung von den Mechanismen der Reibung zu erhalten, schlugen Grueebler und Hora ein geschwindigkeits- und temperaturabhängiges Reibmodell vor, das von einem biaxialen Streckprozess abgeleitet wurde [GRUE09]. Karapannasemy et al. entwickelte ein neuartiges Reibmodell, das die Mikromechanismen auf Ebene der Rauheitsspitzen berücksichtigt. Das Reibmodell sagt dabei die Schmierfilmdicke sowie die Entwicklung der Kontaktfläche vorher. Nachgewiesen wurde so, dass die Reibung während des

Tiefziehens nicht konstant ist. [KARU12] In anderen Untersuchungen analysierte Hol den Einfluss der Oberflächenintegrität auf die Reibung beim Tiefziehen. Er entwickelte hierfür ein Reibmodell, das Rauheitsspitzen und insbesondere die Verteilung der Rauhigkeitshöhe berücksichtigt und somit die effektive Kontaktfläche in die Vorhersage der Reibung einfließen lässt. Seine Validierung anhand von Experimenten zeigte eine verbesserte Vorhersage der Reibung im Vergleich zum Coulombschen Reibmodell. [HOL13]

Aufbauend auf Hol's Arbeit entwickelten Karupannasamy et al. ein weitergehendes Reibmodell, das ebenfalls die Rauheitsspitzen der Werkzeuge berücksichtigt. Die Rauheitsspitzen wurden dabei als elliptische Paraboloide dargestellt. [KARU14] Fortführend stellte Hol et al. ein physikalisch begründetes Reibmodell vor, das die Veränderung der Oberflächentopographie und die Entwicklung der Reibung im Bereich der Grenzreibung betrachtet. Nachgewiesen wurde, dass die Reibung räumlich und zeitlich variiert und von der Kontaktnormalspannung und der plastischen Dehnung des Blechzuschnitts abhängen. Insbesondere die effektive Kontaktfläche wurde als Einflussfaktor auf die Reibung identifiziert und floss in das Reibmodell ein. [HOL15b]

Ein weiteres Reibmodell, das heutzutage häufig verwendet wird, geht auf Filzek und Ludwig zurück, das die Kontaktnormalspannung σ_{N}, die Relativgeschwindigkeit v_{rel} und die Temperatur T in Relation zu einem Referenzzustand $(\sigma_{\mathrm{N,0}}, v_{\mathrm{rel,0}}, T_0)$ berücksichtigt (Formel 2.3). Dabei sind l, m und n skalare Koeffizienten, die kalibriert werden. [FILZ13]

$$\mu = \left(\frac{\sigma_{\mathrm{N}}}{\sigma_{\mathrm{N,0}}}\right)^{l-1} \left(\frac{v_{\mathrm{rel}}}{v_{\mathrm{rel,0}}}\right)^{m-1} \left(\frac{T}{T_0}\right)^{n-1} \tag{2.3}$$

Die mehrdimensionale Regressionsanalyse für die Kalibrierung des Modells führte jedoch zu unterschiedlichen Konvergenzproblemen, sodass Klocke et al. vorschlugen einen zusammenfassenden Regressionskoeffizienten c zu verwenden (Formel 2.4). Der Regressionskoeffizient wird durch jeweils einen Kontaktnormalspannungskoeffizienten i, einen Relativgeschwindigkeitskoeffizieten j und einen Temperaturkoeffizienten k ergänzt. Potenziell kann das Reibmodell so auch um weitere Einflussfaktoren erweitert werden. Kalibriert werden kann das Modell dabei über ausgewählte Analogieversuche. [KLOC15]

$$\mu = c\sigma_{\mathrm{N}}^{i} v_{\mathrm{rel}}^{j} T^{k} \ldots ()^{0} \tag{2.4}$$

Allgemein stehen für das Tiefziehen unterschiedliche Analogieversuche zur Verfügung, die die Reibung beim Tiefziehen anhand der charakteristischen Bereiche der auftretenden Spannungen quantifiziert. So können isoliert und gezielt Einflussfaktoren auf die Reibung identifiziert und modifiziert werden. Die vier am häufigsten verbreiteten Analogieversuche sind in Abbildung 2.7 dargestellt [NETS95].

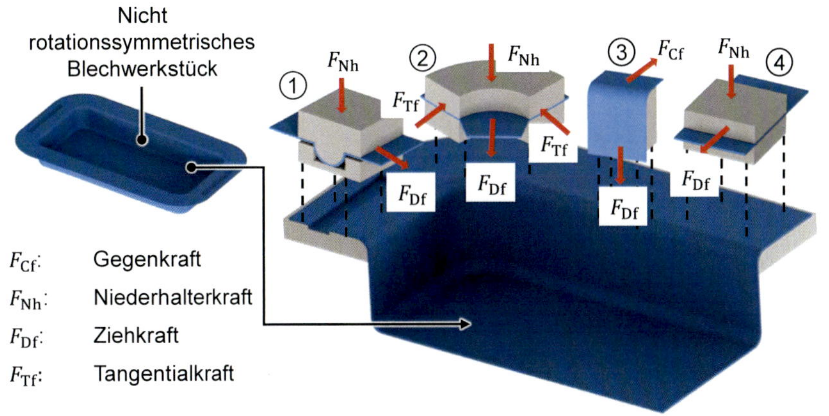

Abbildung 2.7: Analogieversuche für die Quantifizierung der Reibung beim Tiefziehen anhand auftretender Spannungszustände; 1: Wulzzugtest, 2: Keilziehversuch, 3: Biegeversuch, 4: Streifenziehversuch [NETS95]

Analogue tests for the quantification of friction during deep drawing based on the stress states that occur; 1: bulge tensile test, 2: wedge drawing test, 3: bending test, 4: strip drawing test [NETS95]

Zwischenfazit: Tiefziehen ist eines der bedeutendsten Fertigungsverfahren für die Herstellung von dreidimensionalen Blechwerkstücken, wie beispielsweise Karosseriebauteilen [KLOC17]. Die Qualität der Blechwerkstücke hängt maßgeblich von den während der Umformung auftretenden Spannungszuständen ab. Die Spannungszustände beim Tiefziehen werden wiederum maßgeblich von der gewünschten Geometrie beeinflusst. Zusätzlich besitzen die Prozessparameter sowie die Prozessführung beim Tiefziehen einen Einfluss auf die auftretenden Spannungszustände. Je nach Spannungszustand verschiebt sich das mögliche Prozessfenster des Tiefziehens, das die Grenze zwischen Gutteilen und Tiefziehfehlern definiert. Obwohl die Wechselwirkungen der Prozessparameter sowie der -führung und den Grenzen des Prozessfensters hinsichtlich des Versagens bereits erforscht wurden, besteht derzeit ein Forschungsdefizit hinsichtlich Untersuchungen, die sich damit befassen, Blechwerkstückeigenschaften innerhalb des Prozessfensters durch gezielte Einstellung von Prozessparametern und -führung, zu beeinflussen. Die bisherigen Arbeiten stellen dabei insbesondere die Fehlervermeidung in den Vordergrund, während die Möglichkeiten zur aktiven Beeinflussung der Blechwerkstückqualität durch proaktive Anpassung der Prozessparameter und -führung nicht hinreichend betrachtet wurden, insbesondere hinsichtlich der Mikrostruktur. Es fehlt ein umfassendes Verständnis darüber, wie spezifische Anpassungen der Prozessparameter und -führung die mechanischen Eigenschaften und die Werkstückqualität beim Tiefziehen beeinflussen.

2.2 Duktile Schädigung

Ductile damage

Duktilität, wie von Dodd et al. definiert, ist die Eigenschaft eines Blechwerkstoffes, plastischen Verformungen in einem Standardversuch ohne Bruch zu widerstehen und wird üblicherweise durch die Bruchdehnung oder die Brucheinschnürung im Zugversuch charakterisiert [DODD80]. Duktilität kann nach Hance in globale und lokale Duktilität unterteilt werden (Abbildung 2.8). Globale Duktilität gilt dabei als die Eigenschaft eines Blechwerkstoffes Formänderungen gleichmäßig zu verteilen und plastische Dehnung in einem Standardversuch zu ertragen. Lokale Duktilität hingegen gibt Auskunft darüber, inwiefern ein Blechwerkstoff plastische Dehnung in einem Standardversuch nach der Einschnürung ohne duktilen Bruch tolerieren kann. [HANC16]

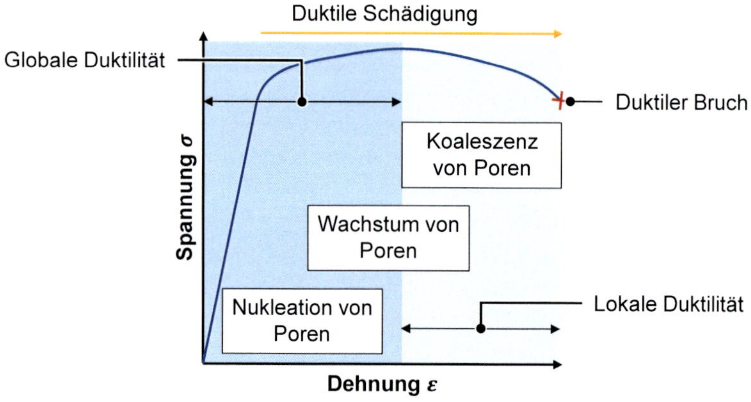

Abbildung 2.8: Globale und lokale Duktilität am Beispiel einer Spannungs-Dehnungskurve aus dem Standardversuch des Zugversuchs [HEIB21]

Global and local ductility using the example of a stress-strain curve from the standard tensile test [HEIB21]

Im Unterschied zur Duktilität beschreibt die Umformbarkeit die Eigenschaft eines Blechwerkstoffs, plastische Dehnung während eines Umformprozesses ohne Bruch zu tolerieren. Sie ist daher nicht nur eine reine Werkstoffeigenschaft, sondern auch von den spezifischen Prozessen abhängig, und wird genauso wie die Duktilität von der duktilen Schädigung beeinflusst (Abbildung 2.9). Analog zur Duktilität kann die Umformbarkeit in globale und lokale Umformbarkeit eingeteilt werden. Globale Umformbarkeit beschreibt dabei die Eigenschaft eines Blechwerkstoffes plastische Dehnung während eines Umformprozesses ohne Einschnürung zu ertragen, wobei die Formänderung gleichmäßig verteilt wird. Lokale Umformbarkeit hingegen ist die Eigenschaft eines Blechwerkstoffs, plastische Dehnung in einem örtlich begrenzten Bereich, wie etwa bei örtlicher Einschnürung oder dem Biegen an kleinen Radien, ohne Bruch zu tolerieren. [HANC16]

Sowohl die Duktilität als auch die Umformbarkeit werden von der duktilen Schädigung beeinflusst [HEIB21], die zu einer Verschlechterung der physikalischen Eigenschaften der Werkstoffe führen kann [HIRT20]. Unter duktiler Schädigung wird dabei die lokale Mikrostrukturdegradation definiert, die in Abhängigkeit vom jeweiligen Werkstoff, seiner Mikrostruktur und den Spannungsbedingungen auf verschiedenen Skalen parallel verläuft und immer an plastische Dehnung gekoppelt ist. [TEKK20] Duktile Schädigung unterscheidet sich durch die makroskopisch auftretenden Phänomene von spröder und Kriech- sowie Ermüdungsschädigung. Während bei der spröden Schädigung sowie der Kriech- und Ermüdungsschädigung hauptsächlich die Bildung und das Wachstum von Mikrorissen im Vordergrund stehen, konzentrieren sich die Mechanismen der duktilen Schädigungsevolution auf die Nukleation, das Wachstum bzw. die Verformung und die Koaleszenz von Poren. [GROS16]

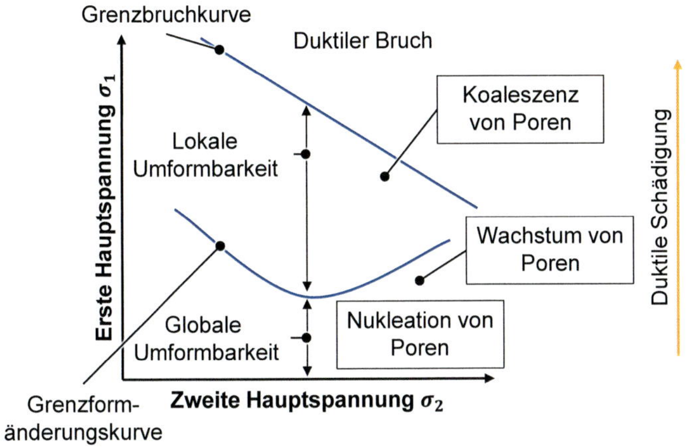

Abbildung 2.9: Globale und lokale Umformbarkeit am Beispiel eines Grenzformänderungsdiagramms [HEIB21]

Global and local formability using the example of a forming limit diagram [HEIB21]

Porennukleation

Die Porennukleation ist in der Regel mit Dehnungsinkompatibilitäten und Spannungskonzentrationen verbunden, die auf die heterogenen Eigenschaften der Mikrostrukturen des Werkstoffes zurückzuführen sind. Inhomogenitäten in der Mikrostruktur, z.B. Grenzflächen von zwei Phasen mit unterschiedlichen mechanischen Eigenschaften, schaffen dabei günstige Stellen für die Porennukleation. Üblicherweise handelt es sich um Phasengrenzen, Korngrenzen und Matrix-Partikel-Grenzen. [TEKK20] Nachweislich hat der Volumenanteil an Einschlüssen einen maßgeblichen Einfluss auf das Ausmaß der Porennukleation und somit auch auf die Duktilität, wie Benzerga am Beispiel unterschiedlicher Kupferlegierungen zeigte [BENZ10]. In einer weichen Matrix dominiert dabei die Porennukleation an Einschlüssen, wie Babout et al. an verschiedenen Aluminium-Metallmatrix-Verbundwerkstoffen nachwies [BABO04] und McVeigh et al.

an AISI4340 bestätigte [MCVE07]. Bei einer harten Matrix hingegen dominiert die Rissbildung in Einschlüssen oder von Partikeln der zweiten Phase sowie Ausscheidungen [TEKK20]. Bei modernen hochfesten Stählen mit komplexer mehrphasiger Mikrostruktur hängen die auftretenden duktilen Schädigungsmechanismen in Form der Porennukleation stark von den mikrostrukturellen Merkmalen des Werkstoffes ab. Die duktilen Schädigungsmechanismen werden dabei durch den Volumenanteil der härteren Phase, die Morphologie der Phasen, das Verhältnis zwischen der Streckgrenze der Phasen, die Energie oder Belastbarkeit der Grenzfläche der Phasen und der chemischen Zusammensetzung gesteuert [TOMO82].

Porenwachstum und -verformung

Das Porenwachstum, das sich an die Porennukleation anschließt, ist maßgeblich vom vorherrschenden Spannungszustand abhängig. Die ersten Arbeiten, die den Einfluss des Spannungszustands auf die mechanischen Eigenschaften von Werkstoff beschreiben, gehen dabei auf Ludwik und Scheu im Jahr 1923 zurück. Sie wiesen nach, dass die Zugfestigkeit und Bruchdehnung durch unterschiedliche Kerben in zylindrischen Proben beeinflusst werden. Dabei zeigte eine zunehmende Schärfe der Kerbe, dass der vorherrschende einachsige Spannungszustand zunehmend mehrachsig wird. [LUDW23] Orowan beschrieb anschließend im Jahr 1945, dass Festigkeit und Duktilität von den auftretenden Querspannungen abhängen [OROW45]. Folgende Untersuchungen von Bridgman im Jahr 1945 konnten anhand einfacher Zugversuche zeigen, dass die Bruchdehnung sowie die Art des Bruches durch hydrostatischen Druck verändert werden kann [BRID45]. Auf Basis der Untersuchungen von Tipper, die Versagen von Werkstoff aufgrund von Porenwachstum vermutete, folgten Untersuchungen von Rice und Tracey im Jahr 1969. Sie befassten sich mit dem Wachstum einzelner Poren und zeigten, dass dieses mit der Höhe der hydrostatischen Spannungen zusammenhängt und die Bruchdehnung mit steigender hydrostatischer Zugspannung deutlich abnimmt. [RICE69] Hancock und Mackenzie [HANC76] sowie Hancock und Brown [HANC83] wiesen anhand von achsensymmetrischen gekerbten Zugproben und flach gekerbten Zugproben mit ebener Dehnung nach, dass die plastische Dehnung zur Einleitung eines duktilen Versagens eine Funktion der Triaxialität ist. Neuere experimentelle und numerische Studien von Mirza et al. [MIRZ96] an reinem Eisen, unlegiertem Stahl und der Aluminiumlegierung BS1474 über einen weiten Bereich von unterschiedlichen Dehnungsgeschwindigkeiten sowie von Bao und Wierzbicki [BAO04] und Bao [BAO05] an der Aluminiumlegierung 2024 unter quasistatischer Belastung bestätigten die Abhängigkeit. Aufbauend auf diesen Grundlagen ist heute bekannt, dass die Form von Poren insbesondere vom Lode-Parameter L bzw. Lode-Winkel-Parameter $\overline{\theta}$ und die Größe der Poren von der Triaxialität η abhängt [MOHR15]. Lode-Parameter L, Lode-Winkel-Parameter $\overline{\theta}$ und Triaxialität η können dabei durch den Cauchy-Spannungstensor σ_{ij} hergeleitet werden. Der Cauchy-Spannungstensor σ_{ij} kann durch gezielte Koordinatentransformation in das Hauptkoordinatensystem mit den Hauptspannungen σ_1, σ_2 und σ_3 transformiert werden, in welchem $\sigma_1 \geq \sigma_2 \geq \sigma_3$ gilt (Formel 2.5). Aus den Hauptspannungen σ_1, σ_2 und σ_3 können drei unabhängige Invarianten I_1, I_2 und I_3 (Formel 2.6-2.8) abgeleitet werden. Diese erlauben die Abbildung eines beliebigen Spannungszustands eines isotropen Werkstoffs unabhängig von einer möglichen Koordinatentransformation. [GROS18] Eine andere Formulierung des Cauchy-Spannungstensors σ_{ij} ist durch die Aufteilung in einen hydrostatischen Spannungsanteil ${\sigma_{ij}}^{\mathrm{h}}$ und einen deviatorischen Spannungsanteil ${\sigma_{ij}}'$ mithilfe der Einheitsmatrix I möglich (Formel 2.9-2.11). Der hydrostatische Spannungsanteil ${\sigma_{ij}}^{\mathrm{h}}$ wird dabei über die hydrostatische Spannung σ_{h} berechnet, die auch als mittlere Spannung σ_{m} bezeichnet wird [MEYA20].

$$\sigma_{ij} = \begin{pmatrix} \sigma_1 & 0 & 0 \\ 0 & \sigma_2 & 0 \\ 0 & 0 & \sigma_3 \end{pmatrix} \tag{2.5}$$

$$I_1 = \sigma_1 + \sigma_2 + \sigma_3 \tag{2.6}$$

$$I_2 = -(\sigma_1\sigma_2 + \sigma_2\sigma_3 + \sigma_3\sigma_1) \tag{2.7}$$

$$I_3 = \sigma_1\sigma_2\sigma_3 \tag{2.8}$$

$$\sigma_{ij} = {\sigma_{ij}}^{\mathrm{h}} + {\sigma_{ij}}' = \sigma_{\mathrm{h}} I + {\sigma_{ij}}' \tag{2.9}$$

$$\sigma_{\mathrm{h}} = \frac{1}{3}(\sigma_1 + \sigma_2 + \sigma_3) \tag{2.10}$$

$${\sigma_{ij}}' = \begin{pmatrix} \sigma_1 - \sigma_{\mathrm{h}} & 0 & 0 \\ 0 & \sigma_2 - \sigma_{\mathrm{h}} & 0 \\ 0 & 0 & \sigma_3 - \sigma_{\mathrm{h}} \end{pmatrix} \tag{2.11}$$

Analog zur Definition der drei Invarianten I_1, I_2 und I_3 des Cauchy-Spannungstensors σ_{ij} können auch drei unabhängige Invarianten des deviatorischen Spannungsanteils J_1, J_2 und J_3 abgeleitet werden (Formel 2.12-2.14) [HERI 20b].

$$J_1 = 0 \tag{2.12}$$

$$J_2 = \frac{1}{6}((\sigma_1 - \sigma_2)^2 + (\sigma_2 - \sigma_3)^2 + (\sigma_3 - \sigma_1)^2) \tag{2.13}$$

$$J_3 = (\sigma_1 - \sigma_{\mathrm{h}})(\sigma_2 - \sigma_{\mathrm{h}})(\sigma_3 - \sigma_{\mathrm{h}}) \tag{2.14}$$

Hieraus hergeleitet werden kann die Triaxialität η als eine dimensionslose Größe, die die hydrostatische Spannung σ_{h} anhand der von Mises-Vergleichsspannung σ_{vM} skaliert und im Wertebereich von $-\infty \leq \eta \leq \infty$ definiert wird (Formel 2.15-2.16). Werte der Triaxialität η von $\eta \to \infty$ stellen dabei den hydrostatischen Spannungszustand dar, während bei Werten der Triaxialität η von $\eta \to 0$ ein rein deviatorischer Spannungszustand vorliegt. [DANA11] Der Lode-Parameter L kann mithilfe der Zusammenhänge des Mohrschen Spannungskreises beschrieben werden und gilt als das Verhältnis der zweiten Hauptspannung σ_2 zu den anderen Hautspannungen σ_1 und σ_3 (Abbildung 2.10).

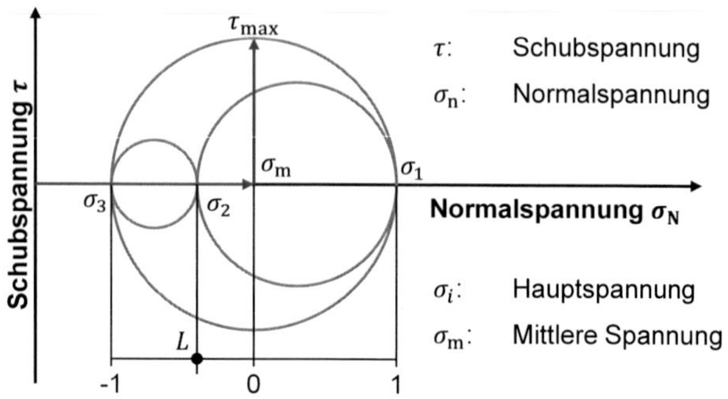

Abbildung 2.10: Lode-Parameter L im mohrschen Spannungskreis [MOHR06]
Lode-Parameter L in Mohr's stress circle [MOHR06]

Abgeleitet wird der Lode-Parameter L in einem Wertebereich von $-1 \leq L \leq 1$. Dies geschieht durch die Normierung des Abstands der zweiten Hauptspannung σ_2 und der Kontaktnormalspannung σ_N auf die maximale Schubspannung τ_{max} (Formel 2.17-2.19). [MEYA20].

$$\eta = \frac{\sigma_h}{\sigma_{vM}} = \frac{I_1}{3\sqrt{3J_2}} = \frac{\sigma_1 + \sigma_2 + \sigma_3}{3\sqrt{0{,}5\,[(\sigma_1 - \sigma_2)^2 + (\sigma_2 - \sigma_3)^2 + (\sigma_3 - \sigma_1)^2]}} \quad (2.15)$$

$$\sigma_{vM} = \sqrt{0{,}5\,[(\sigma_1 - \sigma_2)^2 + (\sigma_2 - \sigma_3)^2 + (\sigma_3 - \sigma_1)^2]} \quad (2.16)$$

$$L = \frac{\sigma_2 - \sigma_m}{\tau_{max}} = \frac{2\sigma_2 - \sigma_1 - \sigma_3}{\sigma_1 - \sigma_3} \quad (2.17)$$

$$\sigma_m = \frac{\sigma_1 + \sigma_3}{2} \quad (2.18)$$

$$\tau_{max} = \frac{\sigma_1 - \sigma_3}{2} \quad (2.19)$$

Um den Lode-Winkel-Parameters $\overline{\theta}$ zu bestimmen, gilt es zunächst den Lode-Winkel θ ausgehend vom Hauptkoordinatensystems herzuleiten. Dies erfolgt mithilfe des Hauptkoordinatiensystems (Abbildung 2.11a)). Der Lode-Winkel θ ist dabei eine wichtige Größe zur Beschreibung von Spannungszuständen in der deviatorischen Spannungsebene und wird in der π-Ebene beschrieben (Formel 2.20). Er bildet einen Wertebereich von $0 \leq \theta \leq \pi/3$ ab (Abbildung 2.11b)) [BASA11].

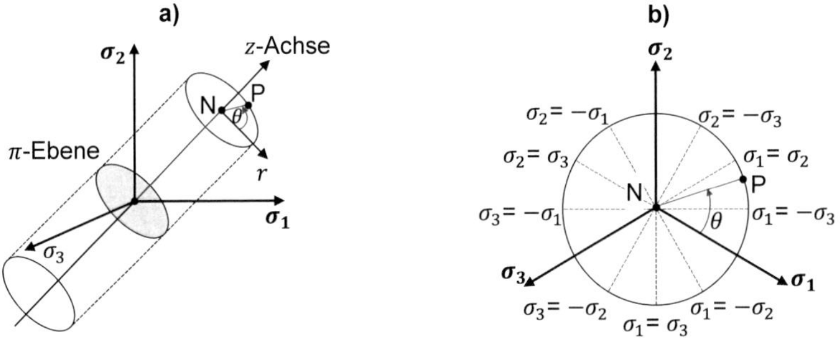

Abbildung 2.11: a) Geometrische Darstellung von Punkt P in Hauptkoordinatensystem [BAI08] und b) Darstellung des Lode-Winkels θ in Ebene E [BASA11]

a) Geometric representation of point P in the main coordinate system [BAI08] and b) representation of the Lode angle θ in plane E [BASA11]

Anschließend kann der Lode-Winkel-Parameter $\overline{\theta}$ über die dritte normierte Invariante ξ abgeleitet werden (Formel 2.21). Die dritte normierte Invariante ξ ist mit dem Lode-Winkel θ mathematisch verknüpft und bildet Werte zwischen $-1 \leq \xi \leq 1$ ab. [BAI08]

$$\theta = \operatorname{arccot}\left(\frac{2}{\sqrt{3}}\left(\frac{\sigma_1-\sigma_3}{\sigma_2-\sigma_3}-\frac{1}{2}\right)\right) = \frac{1}{3}\arccos\left(\frac{3\sqrt{3}J_3}{2{J_2}^{3/2}}\right) \tag{2.20}$$

$$\xi = \frac{\frac{27}{2}(\sigma_1-\sigma_h)(\sigma_2-\sigma_h)(\sigma_3-\sigma_h)}{\sqrt{\frac{1}{2}((\sigma_1-\sigma_2)^2+(\sigma_2-\sigma_3)^2+(\sigma_3-\sigma_1)^2)}} = \frac{27J_3}{2{\sigma_{vM}}^2} = \cos(3\theta) \tag{2.21}$$

Der Lode-Winkel-Parameter $\overline{\theta}$ beschreibt den normierten Lode-Winkel θ. Da der Lode-Winkel-Parameter $\overline{\theta}$ näherungsweise dem negativen Lode-Parameter L entspricht, wird der Lode-Winkel-Parameter $\overline{\theta}$ im Wertebereich von $-1 \leq \overline{\theta} \leq 1$ definiert. [BAI08]

$$\overline{\theta} = 1-\frac{6\theta}{\pi} = 1-\frac{2}{\pi}\arccos(\xi) \cong -L \tag{2.22}$$

Neben der Beziehung, die für Lode-Winkel-Parameter $\overline{\theta}$ und Triaxialität η für Form und Größe von Poren gilt, kann durch die Kopplung der beiden Größen weiterhin der vorherrschende Spannungszustand beschrieben werden. Eine Kopplung von Lode-Winkel-Parameter $\overline{\theta}$ und Triaxialität η im ebenen Spannungszustand kann dabei durch Grundversuche, wie z.B. Zugversuch, gekerbter Zugversuch, Torsionsversuch und Druckversuch, hergeleitet werden. Abbildung 2.12 zeigt den sich hieraus ergebenden Zusammenhang anhand dessen die vorherrschenden ebenen Spannungszustände zugeordnet werden können. [ROTH16]

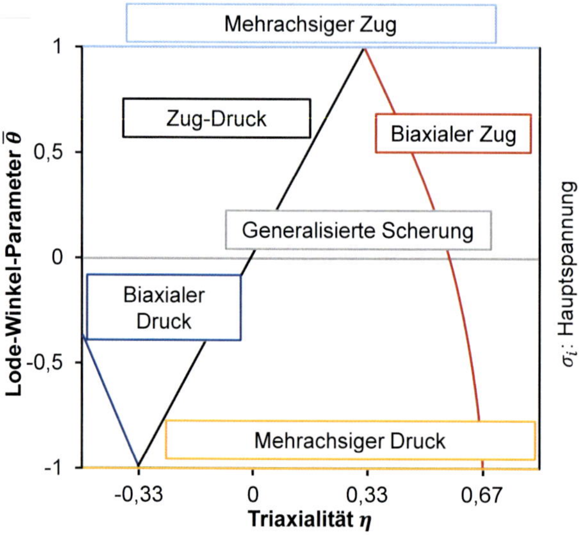

Abbildung 2.12: Abhängigkeit des Lode-Winkel-Parameter $\overline{\theta}$ von der Triaxialität η im ebenen Spannungszustand [ROTH16]

Dependence of the Lode angle parameter $\overline{\theta}$ on the triaxiality η in the plane stress state [ROTH16]

Porenkoaleszenz

Nach der Porennukleation und dem -wachstum schließt sich die Porenkoaleszenz an, die zum duktilen Bruch führt. Argon et al. diskutierte im Jahr 1975, dass zwei Hauptmechanismen hierfür maßgeblich verantwortlich sind. Dazu gehören die Einschnürung (a) und die Scherung (b,c) [ARGO75]. Neben den von der Porenkoaleszenz getriebenen makroskopischen duktilen Bruchmechanismen sind heutzutage jedoch weitere Bruchmechanismen bekannt, die entweder ohne Porennukleation stattfinden (d) oder ohne Poren zum duktilen Bruch führen (e-h) und zur Vollständigkeit aufgeführt werden [NOEL18].

a) Einschnürung zwischen Poren (Intervoid Necking): Einschnürung zwischen Poren, die zu Porenwachstum und Koaleszenz führen [PINE16]
b) Scherung zwischen Poren (Intervoid Shearing): Entstehung von Poren in einem Scherband und die anschließende Ausdehnung der Poren entlang des Scherbandes, führt zur Koaleszenz der Poren und erzeugt einen makroskopischen Bruch in der Ebene des Scherbandes [BARS07]
c) Scheren von Poren (Void Sheeting): Scherlokalisierung zwischen vorhandenen Poren und die nahezu gleichzeitige Nukleation und Koaleszenz neuer Poren in dieser Lokalisierung, wodurch ein duktiler Riss entsteht, der die bereits vorhandenen Poren verbindet [COX74]
d) Orowan-Wechselschlupf (OAS)-Mechanismus: Nukleation von Poren am Schnittpunkt von zwei Scherbändern und anschließendes Wachstum der

prismatischen Poren durch einen Prozess von alternierendem Gleiten entlang der Scherbänder [OROW49]

e) Lokale Einschnürung (Necking to a point): Versagen ohne Porennukleation durch Einschnürung an einer Linie oder einem Punkt [MILL65]

f) Katastrophale Scherung in einer Ebene (Single-plane catastrophic shear): Versagen ohne Porennukleation durch Gleiten des Werkstoffs entlang eines einzelnen Scherbandes [SHAR14], wenn dies nicht durch einen anderen Mechanismus unterbrochen wird, führt es zur Trennung der Probe

g) Katastrophale Scherung in mehreren Ebenen (Multi-plane catastrophic shear): Versagen ohne Poren durch Gleiten des Werkstoffs entlang mehrerer Scherbänder [WEIN76], wenn nicht durch einen anderen Mechanismus unterbrochen wird, führt dies zu einer Probentrennung entlang einer Linie, ähnlich wie bei der Einschnürung [PUTT59]

Die Begriffe *Intervoid Shearing* als Scherung zwischen Poren und *Void Sheeting* als Scheren von Poren werden häufig synonym verwendet, da beide zu duktilen Rissen führen, die mehrere Poren entlang eines Scherbandes verbinden. Intervoid Shearing und Intervoid Sheeting sind jedoch zwei unterschiedliche Mechanismen. Intervoid Shearing ist durch die Nukleation einiger weniger Poren gekennzeichnet, die anschließend entlang des Scherbandes wachsen. Das Porenwachstum ist in diesem Fall geschwindigkeitsbegrenzend. Andererseits ist das Void Sheeting durch die Nukleation vieler Poren in unmittelbarer Nähe gekennzeichnet. Diese Poren verbinden sich nach relativ geringem Wachstum, und die Porenbildung ist geschwindigkeitsbegrenzend. Beide Mechanismen sind an dem Umformungsvorgang beteiligt. [NOEL18] Die Kettenkoaleszenz, auch bekannt als Koaleszenz in Säulen, ist ein Mechanismus der Porenkoaleszenz, bei dem Reihen von Poren entlang der Zugachse zusammenwachsen. Dieser Mechanismus wird bei Stählen beobachtet, die langgestreckte MnS-Einschlüsse enthalten, und ist möglicherweise ein Spezialfall des *Inter Void Necking* als Einschnürung zwischen Poren. [BENZ10]

Für das durch die Porenkoaleszenz verursachte Versagen kann für den ebenen Spannungszustand weiterhin eine Bruchkurve hergeleitet werden (Abbildung 2.13). Berücksichtigt wird bei dem *Versagenslokus* die Triaxialität η, die plastische Dehnung $\varepsilon_{\mathrm{pl}}$ und die plastische Dehnrate $\dot{\varepsilon}_{\mathrm{pl}}$ [ROTH16].

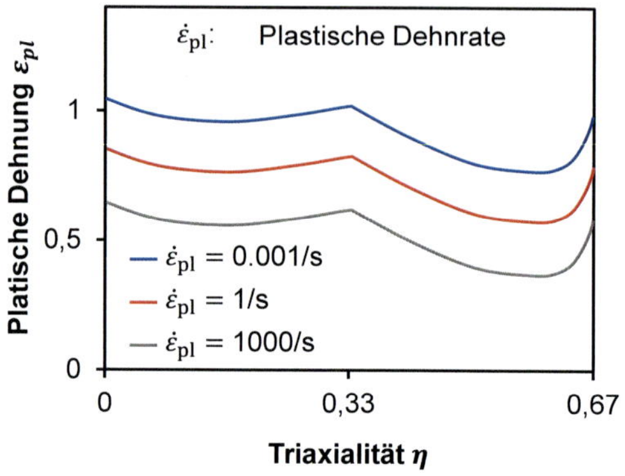

Abbildung 2.13: Abhängigkeit der plastischen Dehnung ε_{pl} von der Triaxialität η und der plastischen Dehnrate $\dot{\varepsilon}_{pl}$ [ROTH16]

Dependence of the plastic strain ε_{pl} on the triaxiality η and the plastic strain rate $\dot{\varepsilon}_{pl}$ [ROTH16]

Modellierung von duktiler Schädigung

Um kritische Bereiche eines Blechwerkstücks beim Tiefziehen hinsichtlich potenziellen Versagens zu identifizieren, werden heutzutage Grenzformänderungsanalysen mittels Grenzformänderungskurven (FLC) aus Grenzformänderungsdiagrammen (FLD) durchgeführt. Das Verfahren ist durch DIN EN ISO12004-2 [DIN21b] mit den unterschiedlichen Ansätzen nach Nakajima [NAKA68] und Marciniak [MARC65] genormt. Hinsichtlich der präzisen numerischen Prozessmodellierung gibt es in der Blechumformung jedoch noch eine Vielzahl an Herausforderungen zu bewältigen, um die Wechselwirkungen zwischen der sich gleichzeitig ändernden Geometrie und den Werkstoffeigenschaften sowie die orts- und zeitabhängigen Bedingungen im Wirkbereich zwischen Werkstück und Werkzeug möglichst genau abzubilden. Die in diesem Bereich eingesetzten numerischen Prozessmodelle werden aufgrund dessen immer komplizierter und anspruchsvoller. [LIEW22] Im Bereich der Schädigungsvorhersage und damit auch zur Identifikation kritischer Bereiche im Blechwerkstück werden häufig numerische Schädigungsmodelle eingesetzt. Die Schädigungsmodellierung bei Umformprozessen basiert dabei entweder auf ungekoppelten Schädigungsmodellen mit Versagenskritierium oder auf gekoppelten Schädigungsmodellen, die auf mikromechanischen oder phänomenologischen Grundlagen beruhen [BESS10]. Bei ungekoppelten Schädigungsmodellen interagiert die duktile Schädigung nicht mit dem Werkstoffverhalten. Bei gekoppelten Schädigungsmodellen hingegen werden das elastische und plastische Werkstoffverhalten durch die duktile Schädigung beeinflusst. Das Fließpotenzial des Werkstoffes wird dabei entsprechend der Entfestigung reduziert. [PÜTZ20]

Ungekoppelte Schädigungsmodelle mit Versagenskriterium

Ungekoppelte Schädigungsmodelle sind in der Industrie weit verbreitet, da sie einfach zu implementieren und zu kalibrieren sind. Außerdem treten bei ihrer Anwendung kaum Konvergenzprobleme auf und es zeigen sich geringe Netzabhängigkeiten. Allerdings stellen sie die Entfestigung des Werkstoffs aufgrund der auftretenden duktilen Schädigung nicht dar. Daher bleibt ihre Anwendung, insbesondere bei nicht proportionalen Lastpfaden, hinsichtlich der Genauigkeit der Abbildung des Prozesses fraglich. [TEKK20] Eines der ersten Versagenskritierien wurde von Freudenthal und Geiringer postuliert. Sie schlugen vor, dass Versagen eintritt, wenn die allgemeine plastische Arbeit einen kritischen Wert erreicht (Formel 2.23). [FREU58] Darauf aufbauend folgten weitere Versagenkritierien, die den Schädigungsparamter D ebenfalls als Integral der Spannungsfunktion $\omega(\sigma)$ über der plastischen Dehnung $\varepsilon_{\mathrm{pl}}$ annahmen. Dazu gehören die Untersuchungen von Cockcroft et al., die die maximale Hauptspannung als Spannungsfunktion $\omega(\sigma)$ annahmen [COCK68] sowie die Arbeiten von Brozzo et al., die die maximale Spannung mit der mittleren Spannung gewichtet verwendeten [BROZ72]. Weitere Arbeiten nutzten für die Spannungsfunktion $\omega(\sigma)$ die Triaxialität η, wie in Rice et al. [RICE69], sowie den Verfestigungskoeffizienten, wie in McClintock et al. [MCCL68]. Bao et al. zeigten hingegen, dass neben der Triaxialität η auch der Lode-Winkel-Parameter $\overline{\theta}$ berücksichtigt werden sollte, um die Spannungsfunktion $\omega(\sigma)$ zu beschreiben. Sie wiesen dabei nach, dass der Lode-Winkel- Parameter $\overline{\theta}$, insbesondere bei niedrigen Triaxialitäten η, einen Einfluss auf das Versagen besitzt. [BAO04] Darauf aufbauend folgten weitere Versagenskritierien, die in Abhängigkeit vom Lode-Winkel-Parameters $\overline{\theta}$ und der Triaxialität η einen Versagenslokus, wie in Abbildung 2.13, aufspannen [BAI08].

$$D = \int_0^{e_{\mathrm{f}}} \omega(\sigma) d\overline{\varepsilon_{\mathrm{pl}}} \tag{2.23}$$

Gekoppelte Schädigungsmodelle

Mikromechanische gekoppelte Schädigungsmodelle zielen darauf ab, physikalische Phänomene, wie Porennukleation, -wachstum und -koaleszenz, abzubilden. Zu den wichtigsten Modellen gehört das ursprüngliche Modell von Gurson aus dem Jahr 1977, das die Inkompressibilitätsannahme der vorhandenen Plastizitätsmodelle in Frage stellte, und davon ausging, dass duktiles Versagen immer mit Porosität verbunden ist [GURS77]. Das Modell wurde durch Tvergaard und Needleman um die Kaltverfestigung im Jahr 1981 [TVER81] und 1984 [TVER84] zum heute bekannten Gurson-Tvergaard-Needleman (GTN) Modell weiterentwickelt. Die Schädigungsevolution wird dabei sowohl durch die Schädigungsnukleation als auch das -wachstum beschrieben. Gologanu et al. ergänzten das Modell anschließend noch um die Verformung der Poren während der Umformung [GOLO97] und Madou et al. verallgemeinerten das Modell für beliebige ellipsoide Poren [MADO12]. Trotz Erweiterungen bildete das GTN Modell weiterhin den Scherspannungszustand hinsichtlich des Schädigungswachstums und der Schädigungswachstumsrate nicht hinreichend genau ab. Aufgrund dessen erweiterten Xue et al. [XUE08] und Nashon et al. [NAHS08] das Modell um einen weiteren Term, der den Lode-Winkel-Parameter $\overline{\theta}$ berücksichtigt. Jiang et al. wiederum ergänzten Terme, die die Schädigungswachstumsmechanismen sowie die Schädigungsevolution unter Scherspannungszuständen adressieren [JIAN16]. Dabei besteht jedoch weiterhin das Defizit, dass einerseits eine Vielzahl an Parametern zu kalibrieren sind. Andererseits bleibt die Elastizität des Werkstoffes ungekoppelt von der duktilen Schädigung. [TEKK20]

Phänomenologische gekoppelte Schädigungsmodelle basieren auf den Gesetzen der Thermodynamik und gehören der Kontinuumsmechanik an. Schädigungsmodelle der Kontinuumsmechanik berücksichtigen, anders als mikromechanische gekoppelte Schädigungsmodelle, den Einfluss der duktilen Schädigung auf die Elastizität. Weiterhin gestaltet sich die Kalibrierung der phänomenologischen gekoppelten Schädigungsmodelle deutlich simpler, aufgrund einer geringeren Anzahl an zu kalibrierenden Parametern. [TEKK20] Die Grundlage der Modelle basiert auf den ursprünglichen Arbeiten von Kachonov [KACH58], wobei davon ausgegangen wird, dass die Energiedissipation immer positiv verbleibt. Heutzutage weitverbreitetet ist das Lemaitre Schädigungsmodell, das auf Kachonov aufbaut und den Schädigungsparameter D nutzt, der die Bildung von Poren und Mikrorissen widerspiegelt. Der Schädigungsparameter D wird als skalare oder tensorische Zustandsvariable definiert. Während die skalare Zustandsvariable den isotropen Schädigungsfall beschreibt, ermöglicht die Verwendung einer tensoriellen Zustandsvariable die Beschreibung der duktilen Schädigung im anisotropen Werkstoff. Der Schädigungsparameter D wird für den Fall einer skalaren Zustandsvariable als Verhältnis der Porenfläche A_{Poren} und der Gesamtfläche A_{Gesamt} definiert (Formel 2.24). Ein Schädigungsparameter von $D = 0$ repräsentiert einen Werkstoff ohne duktile Schädigung, während ein Schädigungsparameter von $D = 1$ einen vollständig geschädigten Werkstoff darstellt. [LEMA85]

$$D = \frac{A_{\mathrm{Poren}}}{A_{\mathrm{Gesamt}}} \tag{2.24}$$

Die Schädigungsrate $\dot{D}$ wird durch Formel 2.25 beschrieben. Dabei ist $\dot{\lambda}$ der plastische Multiplikator. S sowie b sind Schädigungsparameter. Y wird als Freisetzungsrate der Energiedichte definiert und ist durch Formel 2.26 beschrieben. F_{D} stellt das Schädigungsdissipationspotential dar und ergibt sich nach Formel 2.27. Weiterhin ist ν die Querkontraktionszahl, E das E-Modul und $\bar{\sigma}$ die effektive Spannung des modellierten Werkstoffs.

$$\dot{D} = \dot{\lambda}\frac{\partial F_{\mathrm{D}}}{\partial Y} = \dot{\bar{\varepsilon}}_{\mathrm{P}}\left(\frac{Y}{S}\right)^{\mathrm{b}} \tag{2.25}$$

$$Y = \frac{\bar{\sigma}^2}{2E(1-D)^2}\left[\frac{2}{3}(1+\nu) + 3(1-2\nu)\eta^2\right] \tag{2.26}$$

$$F_{\mathrm{D}} = \frac{S}{(1+b)(1-D)}\left(\frac{Y}{S}\right)^{\mathrm{b+1}} \tag{2.27}$$

Die effektive Spannung $\bar{\sigma}_{ij}$ (Formel 2.28) spiegelt die Spannungsverteilung in einem Werkstück wider, das äußeren Kräften ausgesetzt ist. Mit zunehmender duktiler

Schädigung verteilt sich die Spannung immer weniger über den gesamten Werkstückquerschnitt. Daher ist es notwendig, eine effektive Spannung $\bar{\sigma}_{\mathrm{ij}}$ zu verwenden, um die Entwicklung des elastischen und plastischen Werkstoffverhaltens abzuschätzen. Die Kopplung von D und der auftretenden Spannung σ ermöglicht dabei die Abschätzung der Reaktion des Werkstoffverhaltens auf die angelegte Spannung. Im schädigungsfreien Fall ergibt sich die effektive Spannung als Verhältnis der Kraft F und der Gesamtfläche A_{Gesamt}. Im schädigungsbehafteten Fall hingegen wird die gleiche Kraft F durch die effektive Fläche A_{eff} aufgenommen. [LEMA85]

$$\bar{\sigma}_{\mathrm{ij}} = \frac{F}{A_{\mathrm{eff}}} = \frac{F}{A_{\mathrm{Gesamt}}\,(1-D)} = \frac{\sigma_{\mathrm{ji}}}{(1-D)} \tag{2.28}$$

Die duktile Schädigung beeinflusst jedoch nicht nur den Spannungszustand im Werkstoff, sondern auch dessen elastisches und plastisches Verhalten. Um diesen Einfluss mathematisch zu beschreiben, gilt es eine Beziehung für die schädigungsabhängige Dehnung zu formulieren. Dazu wird angenommen, dass sowohl die effektive Spannung $\bar{\sigma}$ im schädigungsbehafteten Werkstück als auch die Spannung σ im schädigungsfreien Werkstück zur gleichen Dehnung ε führen. Unter Einbezug des Hook'schen Gesetzes ergibt sich für das einachsige linear-elastische Werkstoffverhalten die Dehnung gemäß Formel 2.29. [LEMA85]

$$\varepsilon = \frac{\bar{\sigma}}{E} = \frac{\sigma}{(1-D)E} \tag{2.29}$$

Ausgehend von dem ursprünglichen Lemaitre Schädigungsmodell wurden zahlreiche Erweiterungen vorgenommen. So wurde beispielsweise ein Schwellenwert für die Dehnung ε eingeführt unterhalb dessen keine Schädigungszunahme auftritt [LEMA05]. Weiterhin ergänzten Chow et al. das Modell um Anisotropie [CHOW87] sowie Ladevéze et al. um die Schließung von Poren und Mikrorissen, die unter Druckspannung auftreten kann [LEMA87].

Neben den klassischen Schädigungsmodellen, die in gekoppelt und ungekoppelte Schädigungsmodelle eingeteilt werden können, existieren auch hybride Schädigungsmodelle, die die Stärken der Ansätze kombinieren. Dazu gehört das modifizierte Bai-Wierzbicki (MBW) Modell, das sowohl auf einem Schädigungslokus als auch einem Versagenslokus basiert. Ursprünglich von Lian et al. weiterentwickelt, berücksichtigte das MBW Modell den Einfluss der duktilen Schädigung auf das plastische Werkstoffverhalten [LIAN13]. Durch die Erweiterung von Wu et al. wurde der Versagenslokus sowie der Einfluss nicht proportionaler Lastpfade hinzugefügt [WU17]. Weitere Ergänzungen folgten von Shen et al. für anisotrope duktile Schädigung und Versagen [SHEN20].

Zur Kalibrierung von gekoppelten und hybriden Schädigungsmodellen gilt es die duktile Schädigung entweder direkt oder indirekt zu quantifizieren. Bei der direkten Messung wird die duktile Schädigung als geometrisches Merkmal betrachtet und mithilfe der Dichte, des Porenflächenanteils oder des Volumenanteils bestimmt. Indirekte Messungen basieren auf der Änderung von Werkstoffeigenschaften, die durch die vorhandene duktile Schädigung beeinflusst werden. [TEKK20]

Duktile Schädigung in Dualphasenstählen

Dualphasenstähle (DP-Stähle), in den 1970er Jahren entwickelt [HOEF15], werden aufgrund ihres Kohlenstoffgehalts von ≤ 0,18 % als untereutektoide Stähle klassifiziert. Sie weisen bei Raumtemperatur ein zweiphasiges Gefüge auf, bestehend aus einem ferritischen Grundgefüge mit gleichmäßig verteilten Martensitinseln oder -bändern an den Ferrit-Korngrenzen. Das weiche ferritische Grundgefüge sorgt für eine hohe Duktilität, während die harte Martensitphase die Festigkeit erhöht. [ROOS22] Aufgrund der unterschiedlichen mechanischen Eigenschaften der beiden Phasen ist das plastische Verhalten von DP-Stählen durch ein niedriges Verhältnis von Streckgrenze und Zugfestigkeit, eine ausgeprägte Kaltverfestigung und eine außergewöhnlich gute Gesamtumformbarkeit gekennzeichnet. [BIEL09] DP-Stähle werden insbesondere in der Automobilindustrie aufgrund des hohen Energieaufnahmevermögens sowie der hohen Ermüdungsfestigkeit für Struktur- und Sicherheitsbauteile in der Karosserie im Automobilbau, wie Längs- und Querträger eingesetzt [FONS17].

Die Mikrostruktur des DP-Stahls wird durch die zugegebenen Legierungselemente und den Herstellungsprozess bestimmt. Als Legierungselemente werden in der Regel Kohlenstoff, Mangan, Chrom, Molybdän, Silizium, Vanadium und Niob genutzt. Kohlenstoff wird für die Bildung und Stärkung des Martensits benötigt. Mangan bewirkt eine Festigkeitssteigerung durch Mischkristallbildung im Ferrit. Sowohl Kohlenstoff als auch Mangan wirken außerdem stabilisierend auf den austenitischen Gefügeanteil. Chrom und Molybdän hemmen im Herstellungsprozess die Perlit- und Bainitbildung, während Silizium die Ferritumwandlung begünstigt. Vanadium und Niob verfestigen und verfeinern die entstehende ferritisch-martensitische Gefügestruktur des DP-Stahls. [TASA15] Die chemische Zusammensetzung des Dualphasenstahls DP800 als Beispiel nach DIN EN 10338 wird in Tabelle 2.1 dargestellt [DIN15].

Tabelle 2.1: Beispielhafte chemische Zusammensetzung des Dualphasenstahls DP800 [DIN15]

Exemplary chemical composition of the dual-phase steel DP800 [DIN15]

Element	C	Si	Mn	P	S	Al	Cr+Mo	V	B	Nb+Ti
Anteil/Gew.-%	≤0,18	≤0,8	≤2,5	≤0,08	≤0,015	0,015-2	≤1,4	≤0.2	≤0.005	≤0.15

DP-Stähle und deren zweiphasige Gefüge werden durch eine spezielle Wärmebehandlung hergestellt. Hierbei werden kaltgewalzte ferritisch-perlitische Stähle auf eine Zieltemperatur im α-γ-Mischkristallgebiet des Fe-Fe_3C-Diagramms erwärmt. Beim Überschreiten der eutektoiden Phasenlinie wandelt sich der perlitische Anteil des Gefüges in Austenit um. Da der ferritische Gefügeanteil im Vergleich zum perlitischen Gefügeanteil erst nach längerer Zeit und bei höheren Temperaturen umgewandelt wird, ist bei Erreichen der Zieltemperatur weiterhin ein ferritischer Gefügeanteil vorhanden. Die anschließende Abschreckung des Stahls führt zur schlagartigen Umwandlung der austenitischen Anteile zu Martensit (Abbildung 2.14). Das ferritische Gefüge bleibt aufgrund der Geschwindigkeit der Abschreckung unverändert. Insgesamt wird durch die Wärmebehandlung das ferritisch-perlitische Gefüge des

Ausgangsstahls in einen DP-Stahl mit ferritisch-martensitischem Gefüge umgewandelt. [ROOS22]

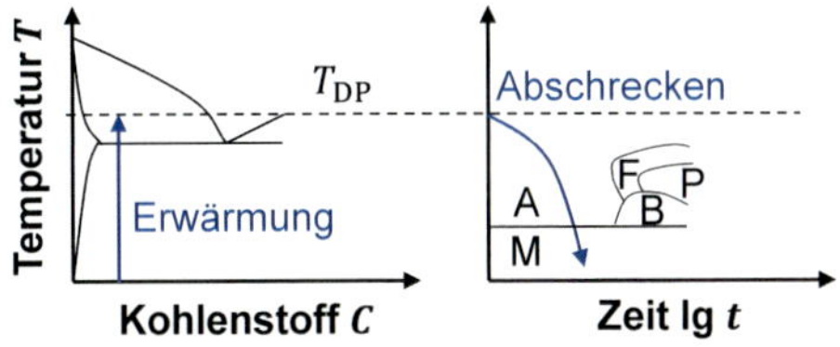

F: Ferrit
B: Bainit
P: Perlit
A: Austenit
M: Martensit
T_{DP}: Interkritische Glühtemperatur DP-Stahl

Abbildung 2.14: Wärmebehandlung von DP-Stahl durch interkritische Glühung [ROOS22]

Heat treatment of DP steel by intercritical annealing [ROOS22]

Einfluss der Mikrostruktur auf die mechanischen Eigenschaften und die Schädigungsevolution

Seit der erstmaligen Entwicklung von DP-Stählen wurden intensive Untersuchungen durchgeführt, um den Einfluss der Morphologie (Größe, Form, Verteilung), der Volumenanteile sowie des mechanischen Kontrasts der Phasen und der Homogenität der Mikrostruktur auf die mechanischen Eigenschaften von DP-Stählen zu bestimmen [KUSC19]. So zeigten beispielsweise Calcagnotto et al. für einen Martensitanteil von 30 Vol.-% und unterschiedliche Korngrößen des Ferrits, dass Kornfeinung die Streckgrenze und Zugfestigkeit erhöht, während Gleichmaßdehnung und Bruchdehnung kaum beeinflusst werden. Zeitgleich begünstigt die Kornfeinung duktile Bruchmechanismen sowohl unter Zug- als auch unter Schlagbedingungen. Die Bildung von Martensitbrüchen und Spaltbrüchen im Ferrit wird in den feinkörnigen und ultrafeinkörnigen Stählen aufgrund der geringen Größe, der homogeneren Verteilung und der kugeligeren Form der Martensitinseln unterdrückt. [CALC10b] Son et al. untermauerten die Ergebnisse von Calcagnotto et al. und wiesen zudem nach, dass die Erhöhung des Vanadiumanteils der Legierungselemente geringfügig die Zugfestigkeit und die Bruchdehnung erhöhen kann, jedoch die Kaltverfestigung reduziert. [SON05] Dagegen führt ein höherer Volumenanteil der Martensitphase zu einer höheren Streckgrenze [CALC10a] und Zugfestigkeit [AHMA00] bei gleichzeitig geringerer Bruchdehnung [ASAD12]. Ein geringerer Volumenanteil der Martensitphase hingegen erhöht die Duktilität und die Kaltverfestigung. Dabei fördern Martensitinseln im Gegensatz zu Martensitbändern die Kaltverfestigung, wie Zhang et al. nachwiesen [ZHAN15]. Nach Pouranvari liegt dabei der optimale Volumenanteil der Martensitphase bei ca. 40 Vol.-%, um die Duktilität zu maximieren [POUR10].

Die Eigenschaften der Phasen besitzen ebenfalls einen Einfluss auf die Schädigungsevolution. Bei DP-Stählen sind die beiden Hauptschädigungsmechanismen, neben den eher selten auftretenden Poren an Ferritkorngrenzen oder an Einschlüssen, der Martensitbruch und die Ferrit-Martensit-Dekohäsion [HOEF15]. Für DP-Stähle mit niedrigem oder mittlerem Volumenanteil der Martensitphase haben Ahmad et al.

gezeigt, dass hauptsächlich die Ferrit-Martensit-Dekohäsion und bei DP-Stählen mit hohem Volumenanteil der Martensitphase Poren an Ferritkorngrenzen und der Martensitbruch als Hauptschädigungsmechanismen dominieren [AHMA00]. Tasan et al. erweiterten in ihrer Arbeit diese Erkenntnis und führten den Zusammenhang der Hauptschädigungsmechanismen bei DP-Stahl mit der vorliegenden Ferrit-Korngröße ein (Abbildung 2.15) [TASA15]. Weiterhin wiesen Kusche et al nach, dass der prozentuale Anteil der Ferrit-Martensit-Dekohäsion als Hauptschädigungsmechanismus mit steigender plastischer Dehnung zunimmt, während der Anteil der Martensitbrüche abnimmt [KUSC19].

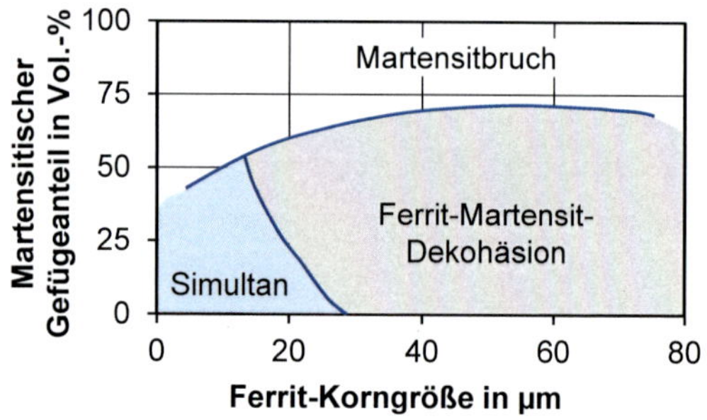

Abbildung 2.15: Hauptschädigungsmechanismen bei DP-Stahl nach Ferrit-Korngröße und Volumenanteil der Martensitphase [TASA15]

Main damage mechanisms in DP steel according to ferrite grain size and volume fraction of the martensite phase [TASA15]

Erdogan et al. zeigten für die Morphologie der Martensitphase, dass grober oder miteinander verbundener Martensit, der entlang der Ferritkorngrenzen verteilt ist, deutlich leichter bricht als Martensit, der feinkörniger vorliegt [ERDO02]. Miteinanderverbundene Martensitbänder begünstigt dabei den Martensitbruch als Hauptschädigungsmechanismus [ZHAN15]. Avramovic et al. wiesen in ihren Untersuchungen nach, dass auch das Porenwachstum von der Morphologie der Martensitphase abhängt. Eine gleichmäßigere Martensitverteilung wies dabei ein langsameres Porenwachstum und eine kontinuierliche Porennukleation auf. Martensitbänder hingegen zeigten höheres Porenwachstum und verstärkte Porenkoaleszenz insbesondere in Querrichtung zur aufgebrachten Last. [AVRA09] Tian et al. untersuchten zwei unterschiedliche DP-Stähle mit gleicher Zugfestigkeit jedoch unterschiedlicher Bruchdehnung. Dabei unterschieden sich die Stähle neben der chemischen Zusammensetzung insbesondere durch einen höheren Härtekontrast der beiden Phasen. Gezeigt wurde, dass die Anzahl an Stellen der Porennukleation bei härterem Martensit und weicherem Ferrit größer ist. Zeitgleich ist das Porenwachstum langsamer, was sie auf die geringere Kaltverfestigungskapazität des Ferrits zurückführten. Sie leiteten ab, dass die Duktilität von DP-Stählen durch Unterdrückung des Porenwachstums gesteigert werden kann, was wiederum durch die Erhöhung der Kaltverfestigung des Ferrits erreicht wird. [TIAN24]

Einfluss unterschiedlicher Fertigungsverfahren auf die duktile Schädigung

Der Einfluss unterschiedlicher Fertigungsverfahren auf die sich einstellende duktile Schädigung wurde in der Vergangenheit in einzelnen Untersuchungen analysiert. Hierbei stand insbesondere im Fokus, durch die gezielte Reduktion von duktiler Schädigung die Leistungsfähigkeit von Werkstücken zu erhöhen. So untersuchten Tekkaya et al. beispielsweise den Einfluss von Gegendruck auf die Schädigungsevolution beim Biegen von DP-Stahl. Mithilfe eines Elastomers wurden radiale Spannungen aufgebracht, die nachweislich die Spannungsverteilung im Blechwerkstück durch Spannungsüberlagerung beeinflussten. Im Vergleich zum Biegen ohne Gegendruck konnte die Triaxialität am äußeren Biegeradius des Blechwerkstücks reduziert werden. Die mit Gegendruck hergestellten Blechwerkstücke wiesen dabei eine um 20 % höhere Ermüdungsfestigkeit auf. Allerdings wurde ein hoher Elastomerverschleiß festgestellt, so dass der Gegendruck mit zunehmender Versuchszahl variierte. [TEKK17] Aufgrund dessen entwickelten Meya et al. einen neuartigen Biegeprozess, bei dem radiale Spannungen durch eine einstellbare Gegenkraft während der Umformung im Blechwerkstück erzeugt wurden. Es wurde nachgewiesen, dass sich durch die veränderte Prozessführung im Vergleich zum Biegeprozess ohne Spannungsüberlagerung eine veränderte Spannungsverteilung einstellt und die Schädigungsevolution verzögert wird. Sie zeigten mit Hilfe eines analytischen Modells, dass die Triaxialität über der Blechdicke die treibende Kraft für die Schädigungsevolution ist. Mit zunehmender Spannungsüberlagerung verringerte sich dabei die Triaxialität. Durch den neuartigen Biegeprozess konnte der Porenflächenanteil des eingesetzten DP-Stahls am äußeren Biegeradius im Blechwerkstück im Vergleich zum Biegeprozess ohne Spannungsüberlagerung um 50 % verringert werden. [MEYA19] Weiterhin erhöhte sich die Steifigkeit, die Kerbschlagarbeit sowie die mögliche Crashbelastung der Blechwerkstücke [MEYA20]. Aufbauend auf den Untersuchungen von Meya et al. erweiterte Lennemann et al. den Rollformprozess durch Elastomerwalzen und bestätigte die Erkenntnisse des Biegens auch für das Rollformen von DP-Stahl [LENN23]. Schwab et al. konnten beim Voll-Vorwärts-Fließpressen nachweisen, dass die Werkstückeigenschaften hinsichtlich der Ermüdungsfestigkeit von den Prozessparametern der Umformung abhängen, wenn die Geometrieabmessungen gleich sind. Einen direkten Zusammenhang zur duktilen Schädigung konnten sie jedoch nicht herstellen. [SCHW85] Tekkaya et al. untermauerten diese Untersuchungen und zeigten für das Voll-Vorwärts-Fließpressen von 16MnCr5, dass unterschiedliche Durchmesserreduzierungen zu unterschiedlichen Spannungsverteilungen und Schädigungsevolution im Werkstück führen. Sie wiesen nach, dass mit steigender Durchmesserreduzierung bei gleichbleibendem Schulteröffnungswinkel die duktile Schädigung sinkt und die Ermüdungsfestigkeit steigt. [TEKK17] Weitere Untersuchungen von Clausmeyer et al. fokussierten sich auf die Prozesskette des Voll-Vorwärts-Fließpressens und beinhalteten zusätzlich den vorgelagerten Schritt des Kaliberwalzen von 16MnCr5. Nachgewiesen wurde numerisch und experimentell, dass die duktile Schädigung entlang der Prozesskette monoton zu nimmt. Gleichzeitig wurde gezeigt, dass die duktile Schädigung mit größer werdendem Schulteröffnungswinkel beim Fließpressen ansteigt. [CLAU20]

Hering et al. untersuchten numerisch, inwiefern die Lastpfade beim Voll-Vorwärts-Fließpressen von 16MnCrS5 durch Anpassung der Prozessparameter in Form von unterschiedlichen Durchmesserreduzierungen und Schulteröffnungswinkeln beeinflusst werden können. Anschließend zeigten sie experimentell, dass Lastpfadänderungen die Werkstückeigenschaften beeinflussen. Sie wiesen dabei nach, dass die Triaxialität, die während der Umformung auftritt, mit der Leistungsfähigkeit des Werkstückes korreliert. Durch einen kleineren Fließpressschulterwinkel bei gleichbleibender Durchmesserreduzierung konnte so die Ermüdungsfestigkeit um 25 %, die Kerbschlagarbeit um 79 % und der E-Modul um 9 % gesteigert werde. [HERI 20a] Aufbauend auf diesen Untersuchungen zeigte Gitschel et al., dass auch die Einführung eines Gegendrucks sowie ein veränderte Prozessroute beim Voll-Vorwärts-Fließpressen von 16MnCrS5 einen Einfluss auf die Triaxialität und somit auf die duktile Schädigung im geometrisch gleichen Werkstück besitzt. Sie bestätigten dabei die Ergebnisse von Hering et al. und konnten die Kerbschlagarbeit um bis zu 77 % im Vergleich zur Umformung ohne Gegendruck steigern. [GITS23] Nick et al. untersuchte numerisch den Einfluss von der Prozessführung auf die Schädigungsevolution beim Tiefziehen von rotationssymmetrischen Blechwerkstücken aus DP-Stahl. Durch Änderung der Prozessführung hin zum Weiterziehen und Stülpziehen wiesen sie nach, dass die Schädigungsverteilung innerhalb des Blechwerkstücks verändert werden kann. [NICK20] Weitere Untersuchungen von Nick et al. konzentrierten sich auf den Einfluss der Prozesskette des Kaltwalzens und Tiefziehens. Dazu variierten sie die Stichabnahme beim Kaltwalzen und zogen anschließend die Blechzuschnitte in rotationssymmetrischen Geometrien tief. Es wurde festgestellt, dass die Erhöhung der Stichabnahme beim Kaltwalzen den Anteil an Porenflächen im Walzgut nicht wesentlich verändert, jedoch zur Bildung einer größeren Menge kleiner Poren führt. Dies resultierte wiederum in einem größeren Porenflächenanteil nach dem Tiefziehen im Vergleich zu einer geringeren Stichabnahme. [NICK21]

Zwischenfazit: Die durch Fertigungsverfahren in das Werkstück eingebrachte duktile Schädigung stellt sowohl eine große Herausforderung für die Fertigung als auch ein enormes Potenzial für eine verbesserte Leichtbauweise dar. Dabei ist es essenziell die duktile Schädigung zu verstehen, um Fertigungsverfahren gezielt anzupassen, sodass Werkstoffeinsparungen im Sinne der Leichtbauweise ermöglicht werden. Die Schädigungsmechanismen in hochfesten Stählen, wie DP-Stählen, sind trotz verstärkter Forschungsanstrengungen in den letzten zehn Jahren nur unvollständig verstanden [KUSC19]. Dies ist dadurch zu begründen, dass die duktile Schädigung nicht nur von den vorherrschenden Spannungszuständen abhängt, sondern ebenfalls von der Morphologie, der Volumenanteile sowie des mechanischen Kontrasts der Phasen und der Homogenität der Mikrostruktur. Dabei werden sowohl die Hauptschädigungsmechanismen als auch das Porenwachstum, die -nukleation und -koaleszenz beeinflusst. Dies erschwert ebenfalls die hinreichend genaue Abbildung der Schädigungsevolution in der numerischen Prozessmodellierung, was sich in einer Vielzahl an unterschiedlichen Modellierungsansätzen widerspiegelt.

2.3 Zusammenfassung des Stands der Erkenntnisse

Summary of the state of knowledge

Das Tiefziehen stellt ein bedeutendes Fertigungsverfahren zur Herstellung dreidimensionaler Blechwerkstücke, wie Karosseriestrukturen, dar. Die Qualität der tiefgezogenen Blechwerkstücke wird maßgeblich durch die Spannungszustände während der Umformung beeinflusst. Die Spannungszustände bestimmen dabei neben dem Werkstoff das Prozessfenster des Tiefziehens, welches den Bereich zwischen fehlerfreien und fehlerhaften Blechwerkstücken definiert. Die Analyse des Stands der Erkenntnisse hat gezeigt, dass obwohl die Wechselwirkungen zwischen Prozessparametern, Prozessführung und Prozessfenster hinsichtlich der Versagensgrenzen gut erforscht sind, besteht noch Forschungsbedarf hinsichtlich der Beeinflussung der Blechwerkstückeigenschaften innerhalb des Prozessfensters durch gezielte Einstellung der Prozessparameter und -führung. Von besonderem Interesse ist hierbei die Mikrostruktur. Die Veränderung der Mikrostruktur, insbesondere die duktile Schädigung, wird dabei sowohl durch die werkstoffspezifischen Eigenschaften als auch die Prozessparameter und Prozessführung der Prozesskette bestimmt und kann nachweislich so beeinflusst werden, dass das Prozessfenster erweitert und die Leistungsfähigkeit der Blechwerkstücke gesteigert wird. Aufgrund der Vielzahl an im Stand der Erkenntnisse herausgearbeiteten Einflüssen auf die duktile Schädigung besteht derzeit eine Forschungslücke. Es fehlt ein Verständnis der Zusammenhänge zwischen den Prozessparametern und der Prozessführung beim Tiefziehen und der dadurch induzierten duktilen Schädigung.

3 Zielsetzung und Forschungsmethodik

Objective and Research Methodology

Ausgehend von den vorherigen Kapiteln 1 und 2 wird die folgende **ökologische Problemstellung** abgeleitet: *Der CO_2-Ausstoß des Verkehrssektors zeigt durch höhere Fahrzeuggewichte infolge von steigenden Komfort- und Sicherheitsanforderungen sowie einer zunehmenden Anzahl an Fahrzeugen eine kaum sinkende Tendenz.*

Darauf aufbauend wird weiterhin die **ökonomische Problemstellung** abgeleitet: *Durch Handelsbeschränkungen, Engpässe in der Rohstoffversorgung und geopolitische Spannungen steigen die Preise für Stahlhalbzeug und -zwischenprodukte.*

Vor diesem Hintergrund werden häufig hochfeste DP-Stähle mit hohem Martensitgehalt in Karosseriestrukturen eingesetzt mit dem Ziel den notwendigen Werkstoffeinsatz bei gleicher Bauteilleistungsfähigkeit zu reduzieren. Allerdings können bei hochfesten DP-Stählen, bedingt durch einen erhöhten Martensitanteil, beispielsweise durch duktile Schädigung bei der Umformung oder Versagen beim Crash, unvorhergesehene Ausfälle auftreten. Dies führt dazu, dass die breite Anwendung insbesondere aufgrund des begrenzten Wissens über duktile Schädigungs- und Versagensmechanismen entlang der Prozesskette der entsprechenden Blechwerkstücke begrenzt ist. Daraus ergibt sich abgeleitet aus dem Stand der Erkenntnisse die **wissenschaftliche Problemstellung**: *Derzeit ist nicht ausreichend bekannt, in welcher Weise die duktile Schädigung von Dualphasenstahl durch das Umformen beeinflusst wird, wie sie sich entlang der Prozesskette verändert und welchen Einfluss sie auf die Leistungsfähigkeit von tiefgezogenen Blechwerkstücken hat.* Um die ökologische, ökonomische und wissenschaftliche Problemstellung zu überwinden, wird das **Forschungsziel** aufgestellt, die *Mechanismen der duktilen Schädigung von Dualphasenstahl DP800 bei der Umformung zu verstehen, die Schädigungsevolution quantitativ vorherzusagen und Schädigungszustände im Hinblick auf die Leistungsfähigkeit von tiefgezogenen Blechwerkstücken gezielt einzustellen.*

Dem Forschungsziel liegt dabei die **Forschungshypothese** zugrunde: *Die Bauteilleistungsfähigkeit von tiefgezogenen Blechwerkstücken aus Dualphasenstahl DP800 kann in Abhängigkeit von den Wechselwirkungen zwischen den Prozesseinflussgrößen und der durch die Umformung induzierten duktilen Schädigung beim Tiefziehen gesteigert werden.*

Zur Untersuchung der Forschungshypothese werden die vier **Forschungsfragen** beantwortet:

1. Welchen Einfluss besitzen die Prozesseinflussgrößen auf die Lastpfade?
2. Welchen Einfluss besitzen die Lastpfade auf die beim Tiefziehen induzierte duktile Schädigung?
3. Welchen Einfluss besitzen die unterschiedlichen Lastpfade und die dadurch induzierte duktile Schädigung auf die Leistungsfähigkeit der tiefgezogenen Blechwerkstücke?
4. Inwiefern können die gewonnen Erkenntnisse auf einen weiteren Werkstoff übertragen werden?

Zur Beantwortung der Forschungsfragen und zur Erreichung des Forschungsziels wird die Vorgehensweise nach Abbildung 3.1 gewählt.

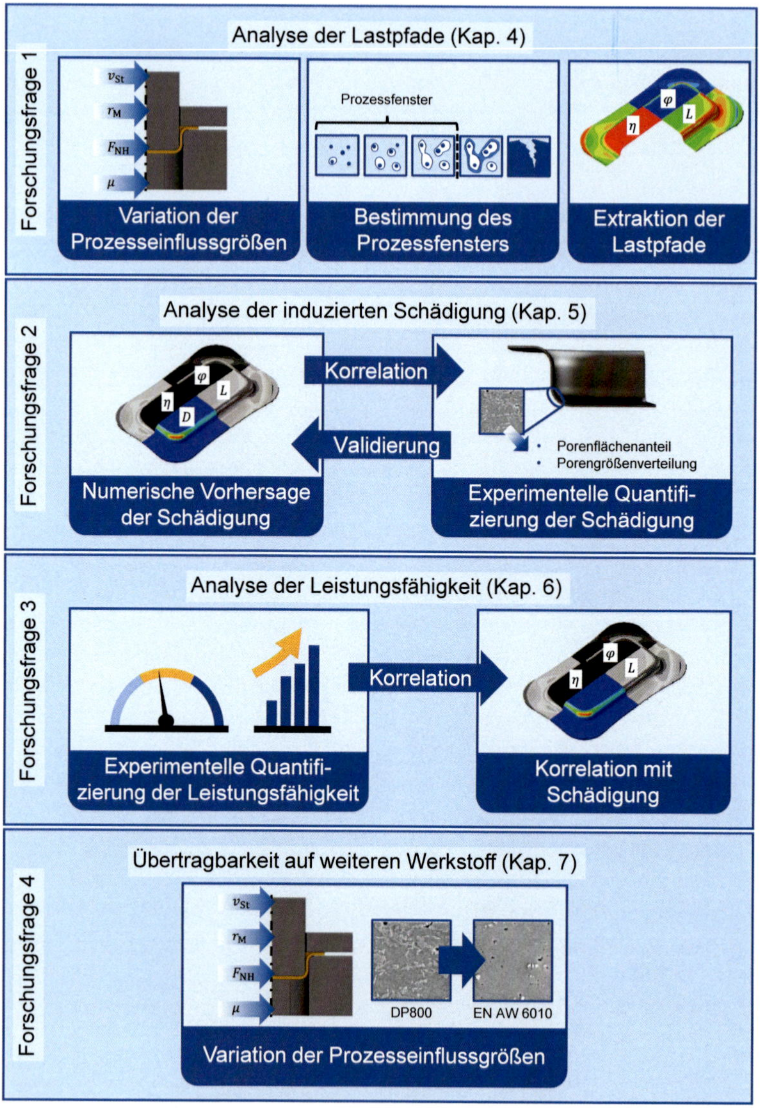

Abbildung 3.1: Forschungsmethodik zur Beantwortung der Forschungsfragen und Erreichung des Forschungsziels

Research methodology to answer the research questions and achieve the research objective

Zur Beantwortung der **Forschungsfrage 1** wird in Kapitel 4 der Einfluss der Prozesseinflussgrößen (Prozessparameter, Prozessführung) auf die Lastpfade mithilfe numerischer Prozessmodellierung analysiert und quantifiziert. Hierfür werden ausgewählte Prozesseinflussgrößen beim Tiefziehen von DP800 experimentell variiert. Es wird ein Prozessfenster festgelegt, das möglichst nah an der Versagensgrenze liegt. Anschließend werden die Tiefziehversuche numerisch abgebildet und die Lastpfade in Form der Triaxialität η, des Lode-Winkel-Parameters $\bar{\theta}$ und der plastischen Dehnung $\varepsilon_{\mathrm{pl}}$ an einem ausgewählten Referenzpunkt extrahiert. Weiterhin wird die notwendige Umformarbeit W mithilfe der Stempelkraft F_{St} und des Stempelwegs x quantifiziert.

Im Kapitel 5 wird die durch das Tiefziehen induzierte duktile Schädigung zur Beantwortung der **Forschungsfrage 2** sowohl anhand der numerischen Prozessmodellierung als auch durch experimentelle Tiefziehversuche analysiert und quantifiziert. Hierfür wird mithilfe eines Schädigungsmodells die duktile Schädigung numerisch vorhergesagt. Weiterhin werden die tiefgezogenen Blechwerkstücke, die in Kapitel 4 zur Bestimmung des Prozessfensters dienten, einerseits hinsichtlich der duktilen Schädigung quantifiziert. Betrachtet werden dabei der Porenflächenanteil, die Porengrößenverteilung sowie die dominierenden Schädigungsmechanismen. Andererseits werden die extrahierten Lastpfade mit der quantifizierten duktilen Schädigung korreliert.

Im Kontext der **Forschungsfrage 3** wird in Kapitel 6 die Leistungsfähigkeit der tiefgezogenen Blechwerkstücke aus DP800 experimentell quantifiziert. Hierfür werden gekerbte Zugversuche durchgeführt. Anschließend wird die ermittelte Leistungsfähigkeit mit der experimentell ermittelten und numerisch vorhergesagten duktilen Schädigung korreliert, sodass die Wechselwirkungen zwischen der durch das Tiefziehen induzierten duktilen Schädigung und der resultierenden Leistungsfähigkeit ermittelt werden können. Anhand der Erkenntnisse werden Empfehlungen für den Tiefziehprozess abgeleitet, um die Leistungsfähigkeit von tiefgezogenen Blechwerkstücken durch Beeinflussung der Prozesseinflussgrößen zu verbessern.

Im Kapitel 7 werden zur Beantwortung der **Forschungsfrage 4** anhand von Kapitel 5 ausgewählte Prozesseinflussgrößen variiert und experimentelle Tiefziehversuche unter Verwendung der Aluminiumlegierung EN AW 6010 durchgeführt. Die so tiefgezogenen Blechwerkstücke werden anschließend hinsichtlich des Porenflächenanteils quantifiziert und mit den bei identischen Prozesseinflussgrößen hergestellten Blechwerkstücken aus DP800 verglichen, so dass die gewonnen Erkenntnisse hinsichtlich der Übertragbarkeit auf weitere Werkstoffe bewertet werden können.

Objective and Research Methodology

The following **ecological problem** is derived from the previous chapters 1 and 2: *The CO_2 emissions of the transport sector are hardly decreasing due to higher vehicle weights as a result of increasing comfort and safety requirements and an increasing number of vehicles.*

Based on this, the economic problem is also deduced: *Trade restrictions, bottlenecks in the supply of raw materials and geopolitical tensions are causing the prices of semi-finished and intermediate steel products to rise.*

In this context, high-strength DP steels with significant martensite content are often used in body structures to reduce the amount of material required while maintaining the same component performance. However, high-strength DP steels can experience unforeseen failures due to increased martensite content, for example as a result of ductile damage during forming or failure in a crash. This limits their widespread application, in particular due to the limited knowledge of ductile damage and failure mechanisms along the process chain of the corresponding workpieces. The **scientific problem** is derived from the current state of knowledge: *At present, it is not sufficiently known how the ductile damage of dual-phase steel is influenced by forming, how it changes along the process chain and what influence it has on the component performance of deep-drawn workpieces.* In order to overcome the ecological, economic and scientific problem, the **research objective** is to *understand the mechanisms of ductile damage of dual-phase steel DP800 during forming, to quantitatively predict the ductile damage evolution and to specifically adjust ductile damage conditions with regard to the component performance of deep-drawn workpieces.*

The research objective is based on the **research hypothesis**: *The component performance of deep-drawn workpieces made of DP800 dual-phase steel can be increased depending on the interactions between the process influencing parameters and the ductile damage induced by the forming process during deep drawing.*

In order to analyse the research hypothesis, the four research questions are answered:

1. What influence do the process influencing parameters have on the load paths?
2. What influence do the load paths have on the ductile damage induced during deep drawing?
3. What influence do the different load paths and the resulting induced ductile damage have on the performance of the deep-drawn sheet metal workpieces?
4. To what extent can the knowledge gained be transferred to another material?

In order to answer the research questions and achieve the research objective, the procedure shown in Figure 3.1 was chosen.

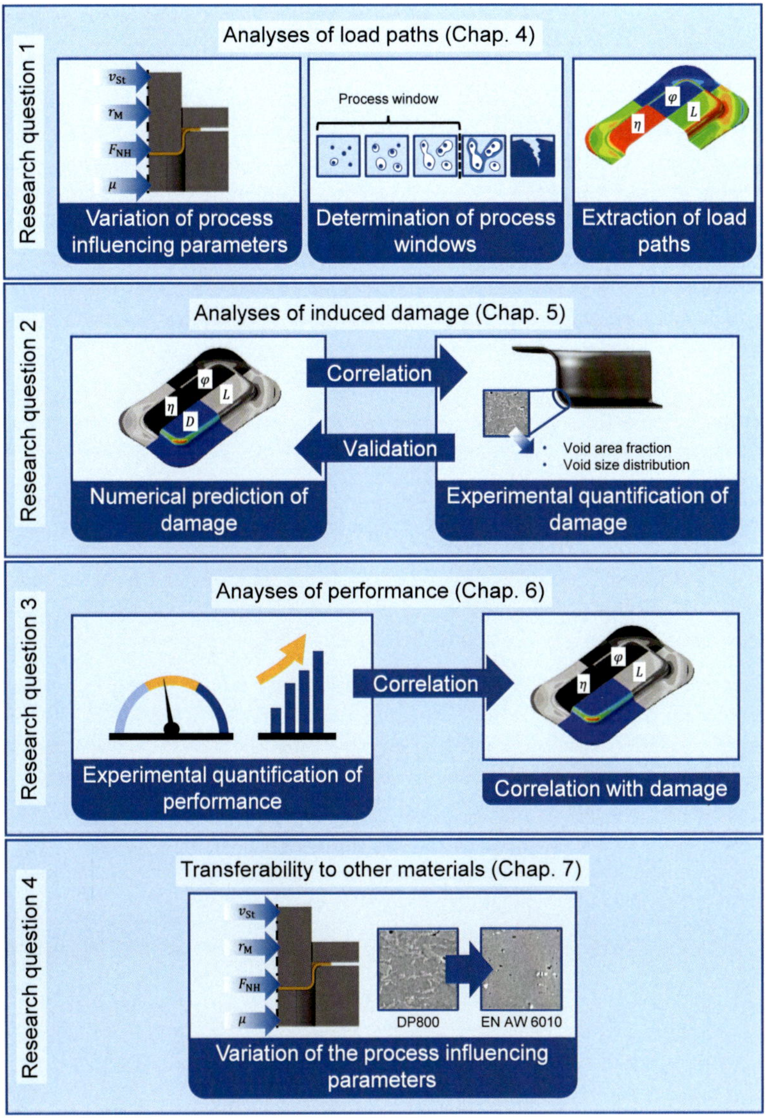

Figure 3.1: Research methodology to answer the research questions and achieve the research objective

To answer **research question 1**, chapter 4 analyses and quantifies the influence of the process influencing parameters (process parameters, process setup) on the load paths using numerical process modelling. For this purpose, selected process influencing parameters are varied experimentally during the deep drawing of DP800. A process window is defined that is as close as possible to the failure limit. The deep drawing tests are then modelled numerically and the load paths are extracted in the form of the triaxiality η, the lode angle parameter $\bar{\theta}$ and the plastic strain $\varepsilon_{\mathrm{pl}}$ at a considered reference point. Furthermore, the necessary forming work W is quantified using the punch force F_{St} and the punch path x.

In chapter 5, the ductile damage induced by deep drawing is analysed and quantified to answer **research question 2** using both numerical process modelling and experimental deep drawing tests. For this purpose, the ductile damage is predicted numerically using a damage model. Furthermore, the deep-drawn sheet metal workpieces, which were used to determine the process window in Chapter 4, are quantified in terms of ductile damage. The void area fraction, the void size distribution and the dominant damage mechanisms are analysed. On the other hand, the extracted load paths are correlated with the quantified ductile damage.

In the context of **research question 3**, the performance of the deep-drawn sheet metal workpieces made from DP800 is quantified experimentally in chapter 6. Notched tensile tests are carried out for this purpose. The determined performance is then correlated with the experimentally determined and numerically predicted ductile damage so that the interactions between the ductile damage induced by deep drawing and the resulting performance can be identified. Based on the findings, recommendations for the deep-drawing process are derived in order to improve the performance of deep-drawn sheet metal workpieces by influencing the process influencing parameters.

In Chapter 7, selected process influencing parameters are varied and experimental deep drawing tests are carried out using the aluminium alloy EN AW 6010 to answer **research question 4** on the basis of Chapter 5. The sheet metal workpieces deep-drawn in this way are then quantified with regard to the void area fraction and compared with the sheet metal workpieces produced from DP800 with identical process influencing parameters, so that the knowledge gained can be evaluated with regard to transferability to other materials.

4 Analyse des Einflusses der Prozesseinflussgrößen auf die Lastpfade

Analysis of the impact of process influence parameters on load paths

Die Analyse des aktuellen Stands der Erkenntnisse hat verdeutlicht, dass die Zusammenhänge zwischen den Prozesseinflussgrößen (Prozessparametern, Prozessführung) und dem Prozessfenster in Bezug auf die Versagensgrenzen beim Tiefziehen bereits gut verstanden sind. Insbesondere hat sich gezeigt, dass die Versagensgrenzen in vielen Bereichen des Tiefziehens nachvollziehbar und analytisch abschätzbar sind. Dennoch besteht weiterhin Forschungsbedarf, besonders im Hinblick auf die gezielte Anpassung entsprechender Prozesseinflussgrößen, um die Blechwerkstückeigenschaften innerhalb des Prozessfensters weiter zu verbessern. Ein zentrales Forschungsziel ist dabei das Verständnis der induzierten duktilen Schädigung während des Tiefziehens, um diese gezielt hinsichtlich einer gesteigerten Leistungsfähigkeit zu beeinflussen. Hierbei sind insbesondere die Wechselwirkungen zwischen den verschiedenen Prozesseinflussgrößen beim Tiefziehen und der dadurch induzierten duktilen Schädigung zu identifizieren. Um diese komplexen Zusammenhänge besser zu verstehen, wird in diesem Kapitel die Forschungsfrage **„Welchen Einfluss besitzen die Prozesseinflussgrößen auf die Lastpfade?“** gestellt. Die entsprechenden Größen werden dafür mittels numerischer Prozessmodellierung quantitativ erfasst und analysiert. Dazu wird zunächst in Kapitel 4.1 die methodische Vorgehensweise detailliert beschrieben. Dabei wird der abgebildete Tiefziehprozess erläutert und der Aufbau der numerischen Prozessmodellierung aufgezeigt. Der Fokus wird auf die Validierung der Prozessmodelle gelegt, um sicherzustellen, dass der Tiefziehprozess hinreichend genau abgebildet wird. Zusätzlich wird darauf eingegangen, wie die Modellierung hinsichtlich der Rechenzeit verbessert wurde. In Kapitel 4.2 werden anschließend die Lastpfade quantifiziert, die sich durch die gezielte Variation der Prozessparameter ergeben. Abschließend wird in Kapitel 4.3 eine analoge Analyse für die Variation der Prozessführung durchgeführt.

4.1 Randbedingungen der numerischen Prozessmodellierung

Restrictions of numerical process modelling

Zur Quantifizierung der Lastpfade wurde ein numerisches Prozessmodell in der Simulationssoftware Abaqus 6.14-6/Explicit, entwickelt von der Firma Dassault Systémes, aufgebaut. Das Ziel des numerischen Prozessmodells war es, die realen Bedingungen des Tiefziehprozesses möglichst präzise abzubilden. Entsprechend wurde das Prozessmodell basierend auf den experimentellen Tiefziehversuchen entwickelt. Abbildung 4.1 zeigt das verwendete Werkzeug mit dem im Kraftfluss liegenden Werkzeugelementen, das auf einer Feinschneidpresse des Typs XFT 2500 Speed der Firma Feintool eingesetzt wurde. Die Werkzeugelemente wurde hinsichtlich ihrer Wirkflächen im numerischen Prozessmodell abgebildet und entsprechend basierend auf den experimentellen Tiefziehversuchen abstrahiert.

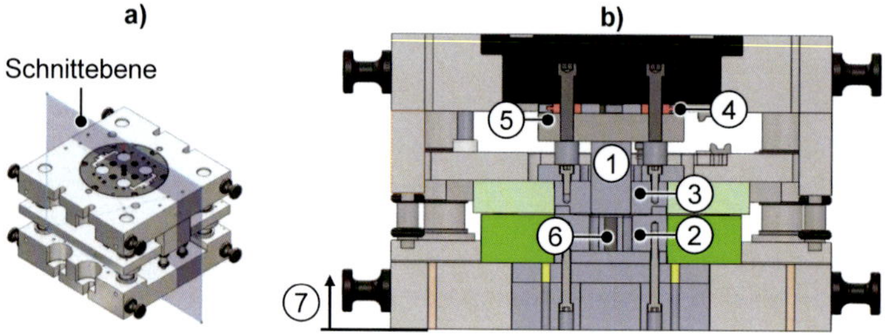

Abbildung 4.1: a) CAD-Modell des eingesetzten Werkzeugs und b) Schnittansicht des CAD-Modells des eingesetzten Werkzeugs; 1: Stempel, 2: Matrize, 3: Niederhalter, 4: Sensorpaket Stempel, 5: Distanzplatte Stempel, 6: Auswerferbolzen, 7: Stößelhub

a) CAD model of the tool used and b) sectional view of the CAD model of the tool used; 1: punch, 2: die, 3: blank holder, 4: punch sensor package, 5: punch spacer plate, 6: ejector pin, 7: stroke

Variation der Prozessparameter

Um die Wechselwirkungen zwischen den Prozessparamatern beim Tiefziehen sowie der induzierten duktilen Schädigung zu identifizieren, wurden ausgewählte Prozessparameter (Stempelgeschwindigkeit v_{St}, Matrizenradius r_{M}, Walzrichtung φ_{Bl} des Blechzuschnitts relativ zu den Werkzeugelementen, Reibung) variiert und einem Referenzversuch gegenübergestellt. Das Ziel war, geometrisch ähnliche Blechwerkstücke miteinander zu vergleichen. Abbildung 4.2a) und b) zeigen die schematische Darstellung des Referenzversuchs mit den entsprechenden geometrischen Abmessungen der mit dem Blechwerkstück in kontaktstehenden Werkzeugelemente, die unter Berücksichtigung des Bauraums des Werkzeugs und der Pressenkinematik festgelegt wurden.

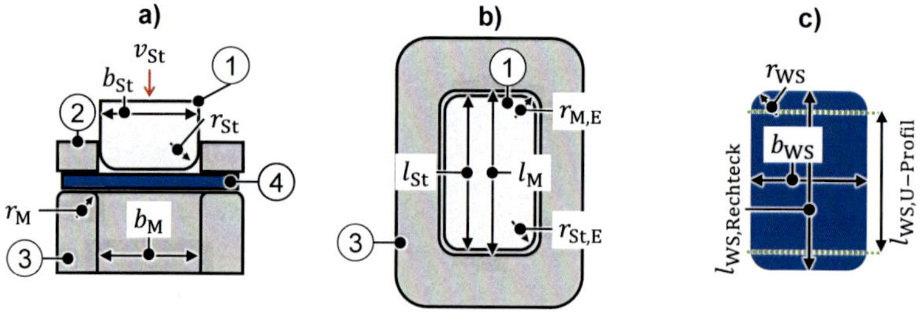

Abbildung 4.2: Schematische Darstellung der Werkzeugelemente des Referenzversuchs a) im Querschnitt, b) als Draufsicht und c) des Blechzuschnitts; 1: Stempel, 2: Niederhalter, 3: Matrize, 4: Blechzuschnitt

Schematic depiction of the tool elements of the reference test a) in cross-section, b) as top view and c) of the sheet metal blank; 1: punch, 2: blank holder, 3: die, 4: sheet metal blank

Die geometrischen Abmessungen des Stempels beliefen sich auf eine Stempellänge l_{St} von l_{St} = 100 mm, eine Stempelbreite b_{St} von b_{St} = 50 mm, einen Stempelradius r_{St} von r_{St} = 3 mm und einen Stempeleckradius $r_{\mathrm{St,E}}$ von $r_{\mathrm{St,E}}$ = 10 mm. Der für das Tiefziehen relevante Ziehspalt a_{Zieh} wurde ausgehend von einer Blechdicke d_{Bl} von d_{Bl} = 1,5 mm auf a_{Zieh} = 1,8 mm festgesetzt. Somit ergab sich die Matrizenlänge l_{M} mit l_{M} = 103,6 mm und die Matrizenbreite b_{M} mit b_{M} = 53,6 mm. Der Matrizeneckenradius $r_{\mathrm{M,E}}$ betrug $r_{\mathrm{M,E}}$ = 11,8 mm unter Berücksichtigung der geometrischen Abmessungen des Stempels und des Ziehspalts a_{Zieh}. Für den Referenzversuche wurde der Matrizenradius r_{M} auf r_{M} = 3 mm festgelegt und die Stempelgeschwindigkeit v_{St} betrug v_{St} = 5 mm/s.

Der Blechzuschnitt wurde nach AWF-Blatt 5791 unter Berücksichtigung des maximalen Bauraums des Werkzeugs sowie des maximalen Stößelhubs der Presse ausgelegt und konstant gehalten [AWF54]. Neben einer rechteckigen Geometrie wurde ebenfalls eine U-Profil tiefgezogen, um den Einfluss weiterer Lastpfade auf die induzierte duktile Schädigung zu untersuchen. Gleichzeitig konnte neben dem asymmetrischen Werkstofffluss in der Ecke der rechteckigen Geometrie ein weiteres bei Tiefziehbauteilen häufig auftretendes Geometrieelement langer Geraden mit symmetrischem Werkstofffluss untersucht werden. Ausgehend von AWF-Blatt 5791 ergab sich die Blechlänge l_{WS} zu $l_{\mathrm{WS,Rechteck}}$ = 141,6 mm bzw. $l_{\mathrm{WS,U-Profil}}$ = 79 mm bei einem Blechzuschnittseckenradius r_{WS} von r_{WS} = 22,1 mm. Die errechnete Blechzuschnittsbreite b_{WS} betrug b_{WS} = 91,9 mm (Abbildung 4.2c)).

Ausgehend vom Referenzversuch wurden die Stempelgeschwindigkeit v_{St}, der Matrizenradius r_{M}, die Walzrichtung φ_{Bl} des Blechzuschnitts relativ zu den Werkzeugelementen sowie die Reibung variiert. Numerisch abgebildet werden konnte jedoch aufgrund des eingesetzten Werkstoffmodells, das keine Anisotropie und Dehnratenabhängigkeit berücksichtigt, weder der Einfluss der Variation der Stempelgeschwindigkeit v_{St} noch der Walzrichtung des Blechzuschnitts relativ zu den Werkzeugelementen auf Lastpfade und induzierte duktile Schädigung. Die Stempelgeschwindigkeit v_{St} wurde einstufig auf v_{St} = 50 mm/s verändert. Der Matrizenradius r_{M} wurde zweistufig auf r_{M} = {6;9} mm festgelegt. Die Walzrichtung des Blechzuschnitts relativ zu den Werkzeugelementen wurde gemäß Abbildung 4.3 variiert.

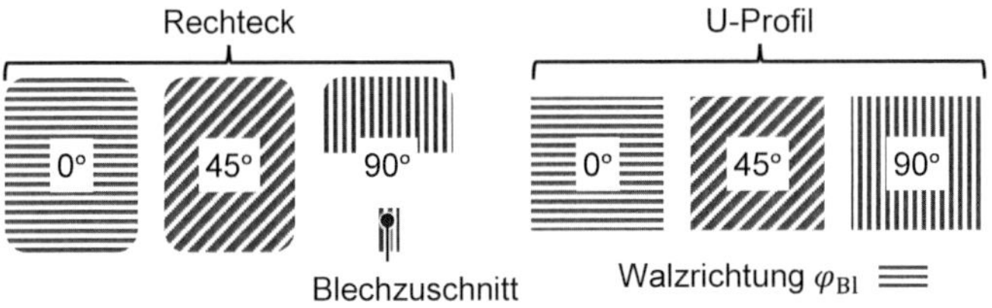

Abbildung 4.3: Ausrichtung des Blechzuschnitts unter Berücksichtigung der Walzrichtung φ_{Bl} relativ zu den Werkzeugelementen

Alignment of the sheet metal blank taking into account the rolling direction φ_{Bl} relative to the tool elements

Zur Variation der Reibung wurde die Matrize in ausgewählten Bereichen mittels maschinellem Oberflächenhämmern (MOH) bearbeitet. Ziel war es, den Werkstofffluss in der Ecke der rechteckigen Geometrie zu fördern, um den asymmetrischen Werkstofffluss dort gegenüber den langen Geraden anzupassen. Die Variation der Reibung fand entsprechend nicht für das U-Profil statt, da dieses einen symmetrischen Werkstofffluss aufweist.

Das MOH gehört zu den inkrementellen Umformverfahren und wird zum Glätten, Verfestigen oder Strukturieren von Oberflächen eingesetzt [VDI18]. Das Verfahrensprinzip beruht auf der Schwingung eines halbkugelförmigen Hammerkopfes, der wiederholt auf die Oberfläche auftrifft. Zur Erzeugung der periodischen Bewegung stehen pneumatische, piezoelektrische und elektromechanische Prinzipien zur Verfügung [MANN18]. Das in dieser Arbeit verwendete Prinzip basierte auf dem elektromechanischen Ansatz. Hierbei wird durch Anlegen eines Wechselstromes an einen Induktor eine magnetische Resonanzkraft (Lorenzkraft) erzeugt (Abbildung 4.4a)). Die Lorenzkraft beschleunigt den Hammerkopf, der sich im Zentrum eines Permanentmagneten befindet, in Richtung Oberfläche. Die kinetische Energie des Hammerkopfes führt zu einer plastischen Verformung der Oberfläche. Durch Überlagerung der oszillierenden Bewegung mit einem Maschinenvorschub können beliebige Freiformen bearbeitet werden. Dabei bestimmt die Wahl der Prozessparameter, ob eine glatte oder strukturierte Oberfläche erzeugt wird. Variiert werden können der Eindruckabstand a_H, der Bahnabstand b_H, die Frequenz f_H und der Hub h_H.

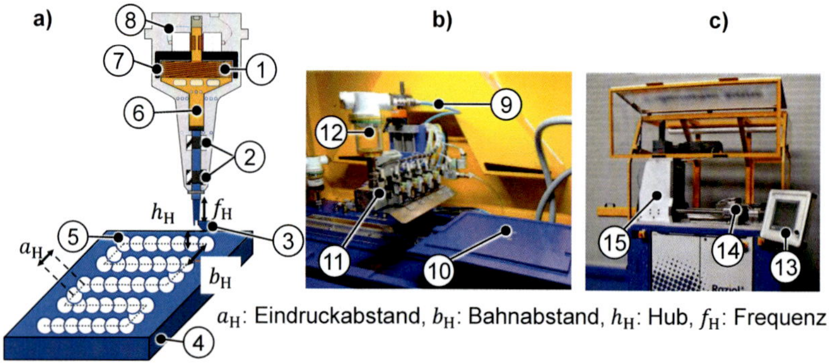

Abbildung 4.4: a) Schematische Darstellung des maschinellen Oberflächenhämmerns, b) Laborbeölers und c) Tribometers 5000; 1: Induktor, 2: Lager, 3: Hammerkopf; 4: Werkstück, 5: Hammerabdruck, 6: oszillierende Masse, 7: Permanentmagnet, 8: Sensorik, 9: Druckluftversorgung, 10: Werkstückeinspannung, 11: Ventilblock, 12: Schmierstoffbehälter, 13: Steuerung, 14: Antrieb, 15: Umhausung für Werkzeug

a) Schematic depiction of machine hammer peening, b) laboratory lubricator and c) tribometer 5000; 1: inductor, 2: bearing, 3: hammer head; 4: workpiece, 5: hammer imprint, 6: oscillating mass, 7: permanent magnet, 8: sensor system, 9: compressed air supply, 10: workpiece clamping, 11: valves, 12: lubricant container, 13: control, 14: drive, 15: tool housing

Untersucht wurden zunächst zwei unterschiedliche MOH-Strukturen, welche in Anlehnung an die Arbeiten von Trauth ausgewählt [TRAU16] und mit einer geschliffenen Referenzstruktur verglichen wurden. Die Prozessparameter des MOH können Tabelle 4.1 entnommen werden. Eingesetzt wurde ein MOH-System des Typs 2002 der Firma Accurapuls, welches speziell für den Industrieroboter IRB6660-205/1.9 der Firma ABB adaptiert wurde.

Tabelle 4.1: Parameter beim maschinellen Oberflächenhämmern (MOH)

Parameters of machine hammer peening

Variante	Struktur mit geschlossenen Schmierstofftaschen (ST)	Struktur mit offenen Schmierstofftaschen (TV)
Eindruckabstand a_H in mm	0,6	0,3
Bahnabstand b_H in mm	0,6	0,7
Frequenz f_H in Hz	70	70
Hub h_H in mm	0,5	0,5

Abbildung 4.5 zeigt die topographischen Aufnahmen der unterschiedlichen Strukturen. Die Referenzstruktur wies aufgrund der gewählten Bearbeitungsstrategie des Schleifens noch eine minimale Welligkeit auf. Die MOH-Struktur ST zeigte hingegen geschlossene Schmierstofftaschen auf, während bei der MOH-Struktur TV offene Schmierstofftaschen vorhanden waren. Eine Auswertung mit gängigen Topographieparametern nach ISO 1302 wurde nicht durchgeführt, da diese aufgrund der Größe der Strukturen nicht geeignet ist.

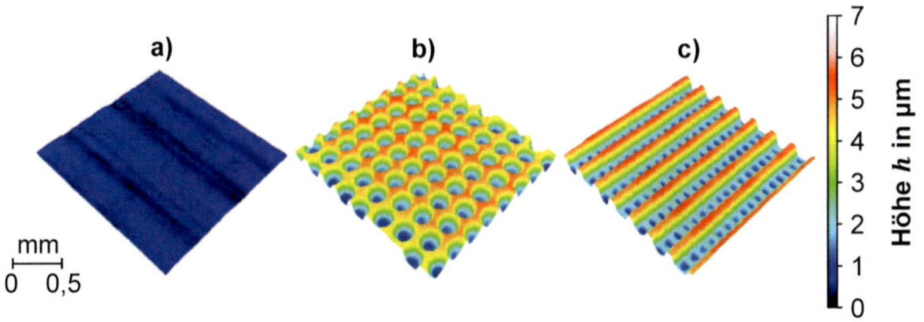

Abbildung 4.5: Topographische Aufnahme von a) Referenzstruktur (geschliffen), b) Struktur mit geschlossenen Schmierstofftaschen (ST) und c) Struktur mit offenen Schmierstofftaschen (TV)

Topographic image of a) reference structure (ground), b) structure with closed lubrication pockets (ST) and c) structure with open lubrication pockets (TV)

Nach der Bearbeitung mittels MOH wurden die Strukturen hinsichtlich ihrer Reibeigenschaften mittels Streifenziehversuche (Abbildung 2.7) gemäß Formel 2.2 anhand der jeweiligen Reibkoeffizienten μ bewertet. Die Schmierung für die Streifenziehversuche erfolgte mit einem Laborbeöler der Firma Raziol Zibulla & Sohn GmbH (Abbildung 4.4b)). Als Öl wurde das Tiefziehöl DSO 5015 der Firma

Fuchs Lubricants Germany GmbH verwendet. Die Ölmenge $n_{\text{Öl}}$ wurde in Anlehnung an die Arbeiten von Trauth auf $n_{\text{Öl}}$ = 4 g/m² festgelegt [TRAU16]. Die Streifenziehversuche wurden mit dem Tribometer 5000 der Firma Raziol Zibulla & Sohn GmbH durchgeführt (Abbildung 4.4c)). Aus den numerischen Untersuchungen wurde für die Versuche ein Wertebereich für die Kontaktnormalspannungen σ_N von 0 < σ_N < 75 MPa abgeleitet. Die Relativgeschwindigkeit v_{rel} wurde zweistufig mit v_{rel} = {5;15} mm/s variiert. Die Werkzeugstrukturen wurden für die Referenzstruktur und die MOH-Struktur TV während des Streifenziehversuchs senkrecht zur Bewegungsrichtung des Werkzeugs ausgerichtet. Abbildung 4.6 zeigt die ermittelten Reibkoeffizienten μ.

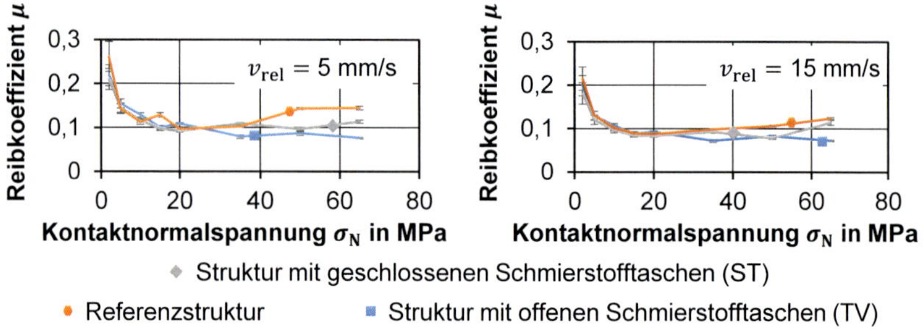

Abbildung 4.6: Reibungskoeffizient μ in Abhängigkeit von der Relativgeschwindigkeit v_{rel} und der Kontaktnormalspannung σ_N

Coefficient of friction μ in dependence of relative velocity v_{rel} and contact normal pressure σ_N

Beide MOH-Strukturen wiesen über einen großen Bereich der ausgewählten Kontaktnormalspannungen σ_N einen niedrigeren Reibungskoeffizienten μ als die Referenzstruktur auf, insbesondere bei Kontaktnormalspannungen σ_N über σ_N = 20 MPa. Während bei der Referenzstruktur der Reibkoeffizient μ ab einer Kontaktnormalspannungen σ_N von σ_N = 20 MPa anstieg, behielten die MOH-Strukturen einen annähernd konstanten Reibkoeffizienten μ bei. Dies deutet darauf hin, dass die MOH-Strukturen unter Belastung besser in der Lage sind, die Reibungsbedingungen auf einem niedrigen Niveau zu halten. Es wird angenommen, dass bei einem bestimmen Druck, der durch die Kontaktnormalspannung σ_N erzeugt wird, der Schmierstoff bei der Referenzstruktur aus der Kontaktzone zwischen Blech und Werkzeug herausgepresst wird. Dieses Phänomen führt zu einem Anstieg des Reibungskoeffizienten μ, da die direkte Metall-zu-Metall-Kontaktfläche größer wird und somit die Reibung zunimmt. Bei den MOH-Strukturen hingegen scheint das Herausdrücken des Schmierstoffs nicht im gleichen Maße zu erfolgen, da die Strukturen Schmierstofftaschen aufweisen. Die Schmierstofftaschen halten den Schmierstoff in der Kontaktzone von Blech und Werkzeug, was zu einer stabileren Schmierstoffverteilung führt und den Anstieg des Reibungskoeffizienten μ verhindert. Darüber hinaus wurde beobachtet, dass der Reibungskoeffizient μ mit zunehmender Relativgeschwindigkeit v_{rel} abnimmt. Dies lässt auf verstärkte reibungsmindernde hydrodynamische Effekte schließen und tritt unabhängig von der Struktur auf.

Um einen höchstmöglichen Unterschied der auftretenden Reibungskoeffizienten μ untereinander zu gewährleisten, wurde nach den Streifenziehversuchen für die folgenden Untersuchungen mittels Tiefziehen die MOH-Struktur TV ausgewählt. Anschließend wurde das Reibmodell nach Klocke (Formel 2.4) für die numerische Prozessmodellierung mit der Methode der kleinsten Quadrate für die Referenzstruktur und die MOH-Struktur TV kalibriert. Die entsprechenden Koeffizienten können Tabelle 4.2 entnommen werden.

Tabelle 4.2: Übersicht über die Koeffizienten des Reibmodell nach Klocke

Overview of the coefficients of the friction model according to Klocke

Variante	Referenzstruktur	Struktur mit offenen Schmierstofftaschen (TV)
c	0,3329	0,332
i	-0,2358	-0,3183
j	0,1569	-0,1138

Die Bereiche der Matrize, denen entweder der entsprechende Reibkoeffizient μ zugewiesen wurde oder die mit der MOH-Struktur TV versehen wurden, wurden anhand des Werkstoffflusses definiert. Wenn der Werkstofffluss im Flansch auf der längeren (Abbildung 4.7a)) und kürzeren (Abbildung 4.7b)) geraden Seite der Geometrie um mehr als 5 % parallel zu seiner Symmetrieachse abwich, wurde der Beginn der Ecke definiert. Aufgrund der Fließbeschränkung des Werkstoffs in der Ecke der rechteckigen Geometrie wurde in diesem Bereich die MOH-Struktur TV respektive der entsprechende Reibkoeffizient μ vorgesehen (Abbildung 4.7c)).

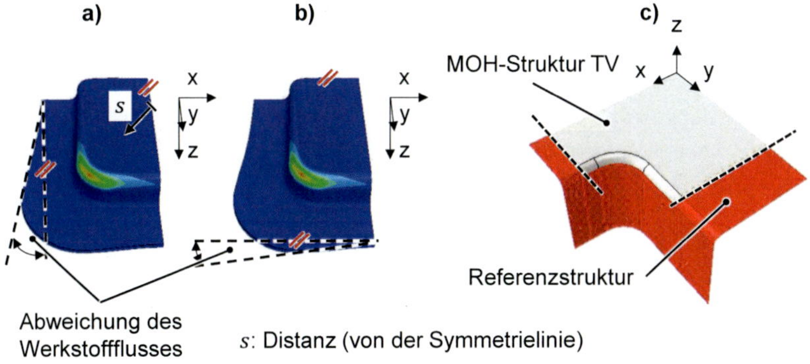

Abbildung 4.7: Bestimmung der Abweichung des Werkstoffflusses von a) den längeren Seiten und b) den kürzeren Seiten eines Viertels der rechteckigen Geometrie sowie c) Lage der jeweiligen Strukturen

Determination of the deviation of the material flow of a) the longer sides and b) the shorter sides of a quarter of the geometry as well as c) location of structures

Variation der Prozessführung

Um die Wechselwirkungen zwischen der Prozessführung beim Tiefziehen sowie der induzierten duktilen Schädigung zu identifizieren, wurde die Prozessführung abgeändert und analog zu der Variation der Prozessparameter mit dem Referenzversuch (Abbildung 4.2) verglichen. Auch hier galt es geometrisch ähnliche Blechwerkstücke zu erzielen. Variiert wurde die Prozessführung durch den Einsatz des Stülpziehens (Abbildung 4.8b)) sowie des Weiterziehens (Abbildung 4.8c)). Der verwendete Blechzuschnitt war identisch mit den geometrischen Abmessungen des einstufigen Tiefziehens (Abbildung 4.2).

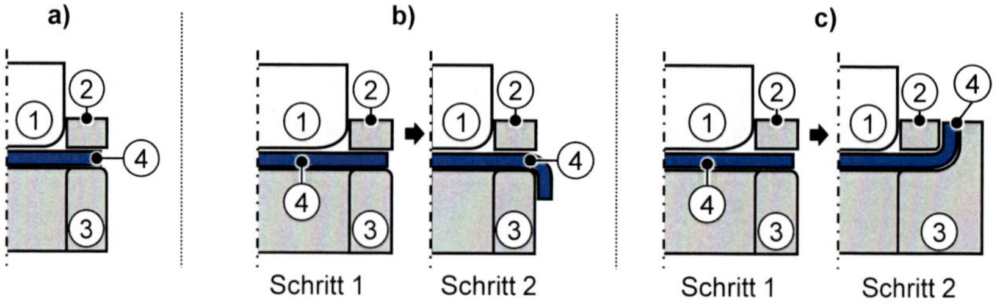

Abbildung 4.8: Schematische Darstellung a) des Tiefziehens, b) des Stülpziehens, c) des Weiterziehens; 1: Stempel, 2: Niederhalter, 3: Matrize, 4: Blechzuschnitt

Schematic depiction of a) deep drawing, b) reverse drawing and c) redrawing; 1: punch, 2: blank holder, 3: die, 4: sheet metal blank

Im Unterschied zum einstufigen Tiefziehen kam beim Stülpziehen und Weiterziehen im ersten Schritt ein größerer Stempel zum Einsatz. Die geometrischen Abmessungen des Stempels beliefen sich auf eine Stempellänge l_{St} von l_{St} = 150 mm und eine Stempelbreite b_{St} von b_{St} = 50 mm. Alle weiteren geometrischen Abmessungen der Matrize ergeben sich durch den Ziehspalt a_{Zieh} von a_{Zieh} = 1,8 mm analog zur Variation der Prozessparameter. Andere Prozessparameter wurden während der Variation der Prozessführung konstant gehalten und lehnen sich an den Referenzversuch an.

4.2 Aufbau der numerischen Prozessmodellierung

Setup of numerical process modelling

Aufgrund des doppelt achsensymmetrischen Aufbaus des Tiefziehprozesses wurde zur Reduktion der Rechenzeit die Geometrie des Tiefziehens für die numerische Prozessmodellierung auf ein Viertel reduziert. Weiterhin wurden alle Flächen der Werkzeugelemente entfernt, die nicht im Kontakt mit dem Blechzuschnitt standen. Das Tiefziehen wurde durch zwei Schritte abgebildet. Im ersten Schritt fand der Kontaktaufbau zwischen Matrize, Blechzuschnitt und Niederhalter statt. Um Eigenschwingungen des Blechzuschnitts durch die Stoßwirkung des Niederhalters beim ersten Auftreffen zu vermeiden, wurde der vertikale Verfahrweg des Niederhalters als Sigmoidfunktion definiert. Die Sigmoidfunktion bewirkt, dass sich die Geschwindigkeit des Niederhalters im Moment des Kontaktaufbaus reduziert und somit die Stoßwirkung des Niederhalters minimiert wird. Die Niederhalterkraft F_{Nh} wurde analog zu den experimentellen Tiefziehversuchen auf F_{Nh} = 20 kN festgelegt. Im zweiten Schritt des Tiefziehens wurde die vertikale Stempelbewegung aufgrund des eingesetzten dehnratenunabhängigen Werkstoffmodells mit einer konstanten Stempelgeschwindigkeit v_{St} von v_{St} = 50 mm/s und damit abweichend vom experimentellen Tiefziehversuch umgesetzt, um die Rechenzeit zu reduzieren. Der tangentiale Kontakt wurde durch einen konstanten Reibkoeffizienten μ von μ = 0,3 dargestellt. Der normal zueinander gerichtete Kontakt wurde so festgelegt, dass sich die Oberflächen der in kontaktstehenden Partner nicht durchdringen durften.

Vernetzung einschließlich Vernetzungsoptimierung

Die Vernetzung von Matrize, Niederhalter und Stempel erfolgte durch ein strukturiertes Netz aus Schalenelementen. Als Netzelemente wurden dreidimensionale, quadratische R3D4-Elemente verwendet. Die Interpolation der R3D4-Elemente erfolgt über eine lineare Interpolationsfunktion. Während die ebenen Flächen der Aktivelemente durch wenige große Elemente dargestellt wurden, wurden die Verrundungen der Aktivelemente durch kleinere Elemente ausgedrückt. Dadurch wurde ein effektiver Kompromiss zwischen der genauen geometrischen Approximation der Bauteile und der Rechenzeit erreicht. Festgelegt wurde die Global Seed Size α_{GSS} auf α_{GSS} = 10 mm, der Maximum Deviation Factor α_{MDF} auf α_{MDF} = 0,005 und die Minimum Size Control α_{MSC} auf α_{MSC} = 0,01. Der Blechzuschnitt wurde durch ein engmaschiges Netz von Volumenelementen dargestellt. Als Volumenelemente wurden C3D8R-Elemente verwendet. Die C3D8R-Elemente besitzen eine hexaedrische Form und nur einen Integrationspunkt in ihrem Schwerpunkt. Ein einziger Integrationspunkt reduziert die Integrations- und damit die Rechenzeit der numerischen Prozessmodellierung.

Um vor dem Hintergrund einer reduzierten Rechenzeit bei einer hinreichend genauen Abbildung des Tiefziehens geeignete Netzparameter für den Blechzuschnitt auszuwählen, fand eine Netzoptimierung mittels Massenskalierungsanalyse und Netzkonvergenzanalyse statt. Hierfür wurde die rechteckige Geometrie ausgewählt, da diese einerseits einen komplexer Werkstofffluss als das U-Profil besitzt und andererseits die Geometrie des U-Profils mit abbildet.

Massenskalierungsanalyse

Die Rechenzeit der numerischen Prozessmodellierung hängt bei der expliziten Simulation maßgeblich vom Stable Time Increment Δt_i ab. Allgemein gilt, dass die Rechenzeit mit steigenden Werten des Stable Time Increments Δt_i sinkt. Das Stable Time Increment Δt_i hängt dabei von mehreren Größen ab. Dazu gehört die minimale Elementgröße L_{e}, der E-Modul E und die Dichte ρ des Werkstoffs (Formel 4.1). Entsprechend kann durch die gezielte Anpassung der genannten Parameter die Rechenzeit beeinflusst werden. Allerdings erwirkt jede Änderung der Parameter auch einen Einfluss auf weitere Größen. Wird die minimale Elementgröße L_{e} vergrößert, führt dies zwar zu einem höheren Stable Time Increments Δt_i, jedoch reduziert sich die

Abbildungsgenauigkeit der numerischen Prozesssimulation durch eine ungenauere geometrische Approximation. Alternativ führt die Verringerung des E-Moduls E zu einer Änderung der Steifigkeit des Werkstoffs, wodurch die hinreichend genaue Abbildung des realen Werkstoffverhaltens nicht mehr gewährleistet wird. Eine weitere Möglichkeit, um das Stable Time Increments Δt_i zu erhöhen, ist die Einführung eines Massenskalierungsfaktors f_i, der die Dichte ρ künstlich anpasst. Hierfür wird das Quadrat des Massenskalierungsfaktors f_i mit der Dichte ρ des Werkstoffs multipliziert. Insgesamt wird das Stable Time Increment Δt_i dadurch um den Massenskalierungsfaktor f_i vergrößert (Formel 4.1), sodass die Rechenzeit sinkt.

$$\Delta t_i = L_e\sqrt{\frac{\rho}{E}} = L_e\sqrt{\frac{{f_i}^2\bar{\rho}}{E}} = f_i \cdot \Delta\bar{t}_i \qquad (4.1)$$

Zur Erhöhung des Stable Time Increments Δt_i wurden fünf unterschiedliche Massenskalierungsfaktoren f_i verglichen. Als Massenskalierungsfaktoren f_i wurde dabei ein Teil der geometrischen Folge 4^n gewählt, um ausreichende Abstände zwischen den Stufen zu gewährleisten. Die Massenskalierungsfaktoren f_i ergaben sich somit zu f_i = {1; 16; 64; 256; 1024}, wobei f_i = 1 keiner Massenskalierung entspricht. Um die Vergleichbarkeit der Ergebnisse zu gewährleisten, wiesen alle Simulationsmodelle die gleichen Netzparameter auf. Die verwendeten Netzparameter der Massenskalierungsanalyse unterschieden sich von den Netzparametern der finalen numerischen Prozesssimulation. Um die Rechenzeit während der Massenskalierungsanalyse zu reduzieren, wurde ein grobmaschiges Netz für den Blechzuschnitt verwendet. Die Netzparameter des Blechzuschnitts wurden so gewählt, dass sich in Richtung der Blechdicke drei übereinanderliegende Netzschichten ergaben. Dieses sogenannte dreimaschige Netz hat in Voruntersuchungen gezeigt, dass es einen akzeptablen Kompromiss zwischen der Abbildungsgenauigkeit der numerischen Prozessmodellierung und der Rechenzeit darstellt. Festgelegt wurde die Global Seed Size α_{GSS} auf α_{GSS} = 0,5 mm, der Maximum Deviation Factor α_{MDF} auf α_{MDF} = 0,005 und die Minimum Size Control α_{MSC} auf α_{MSC} = 0,01.

Das Tiefziehen ist ein quasistatischer Prozess, bei dem dynamische Effekte vernachlässigt werden können. Um eine ausreichende Abbildungsgenauigkeit der numerischen Prozesssimulation zu erreichen, ist eine realitätsnahe Modellierung des Tiefziehens als quasistatischer Prozess erforderlich. Per Definition ist bei einem quasistatischen Prozess die auftretende kinetische Energie ALLKE vernachlässigbar klein gegenüber der inneren Energie ALLIE des Systems. Der Prozess gilt dabei als quasistatisch, wenn das ALLKE/ALLIE-Verhältnis kleiner als ALLKE/ALLIE-Verhältnis < 10 % ist [ABAQ23]. Abbildung 4.9a) zeigt die ALLKE/ALLIE-Verhältnisse für die unterschiedlichen Massenskalierungsfaktoren f_i für den zweiten Schritt der numerischen Prozessmodellierung des Tiefziehens. Der erste Schritt wurde dabei in den Untersuchungen vernachlässigt, da dieser nur zum erstmaligen Kontaktaufbau zwischen Matrize, Blechzuschnitt und Niederhalter dient und auf den Tiefziehprozess als solchen keinen Einfluss besitzt. Die Verläufe der ALLKE/ALLIE-Verhältnisse zeigen, dass der Massenskalierungsfaktoren f_i = 1024 im Zeitbereich von t = 0,2 - 0,21 einen Wert über ALLKE/ALLIE-Verhältnis > 10 % erreicht, somit zu einer nicht quasi-statischen numerischen Prozessmodellierung führt und nicht verwendet werden kann.

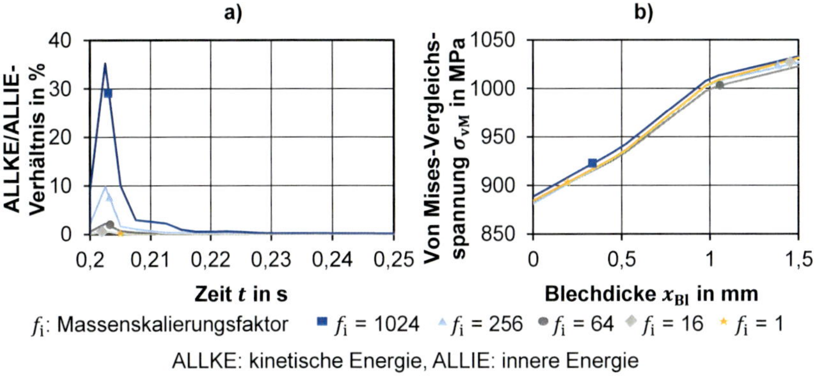

Abbildung 4.9: a) ALLKE-ALLIE-Verhältnis und b) von Mises-Vergleichsspannung σ_{vM} über Blechdicke x_{Bl} bei unterschiedlichen Massenskalierungsfaktoren f_i

Schematic depiction of the damage evolution and the process window ALLKE-ALLIE-ratio und b) von Mises stress σ_{vM} over sheet thickness x_{Bl} with different mass sclaing factors f_i

Neben der ALLKE-ALLIE-Verhältnisse wurde ebenfalls die von Mises-Vergleichsspannung σ_{vM} über der Blechdicke x_{Bl} als Bewertungskriterium für die Massenskalierungsanalyse herangezogen. Als Auswertepunkt wurde die Ecke der rechteckigen Geometrie gewählt, da diese einen sensiblen Bereich des Blechwerkstücks darstellt und Versagen dort als erstes eintritt. Die Blechdicke x_{Bl} beschreibt dabei den Pfad von der Innenseite der Ecke der rechteckigen Geometrie durch das Blechwerkstück bis zur Außenseite. Abbildung 4.9b) zeigt die Verläufe der von Mises-Vergleichsspannung σ_{vM} über der Blechdicke x_{Bl}. Alle Massenskalierungsfaktoren f_i weisen dabei eine maximale Abweichung zueinander von unter 10 % und bilden somit das Tiefziehen ähnlich genau ab. Auf Basis der quantitativen Analyse der Massenskalierungsfaktoren f_i wurde für die numerische Prozessmodellierung des Tiefziehens vor dem Hintergrund der maximalen Reduktion der Rechenzeit bei hinreichender Abbildungsgenauigkeit der Simulation der Massenskalierungsfaktor f_i = 256 ausgewählt.

Netzkonvergenzanalyse

Für die Netzkonvergenzanalyse wurde ein iterativer Ansatz angewendet. Dabei wurde eine identische numerische Prozessmodellierung des Tiefziehens mit zunehmend feinmaschigerem Netz des Blechzuschnitts modelliert und die Ergebnisse anhand der von Mises-Vergleichsspannung σ_{vM} über der Blechdicke x_{Bl} analog zur Massenskalierungsanalyse in der Ecke der rechteckigen Geometrie verglichen. Als Konvergenzkriterium wurde festgelegt, dass die prozentualen Abweichungen der von Mises-Vergleichsspannung $\Delta\sigma_{vM}$ über die Blechdicke x_{Bl} der jeweils aufeinanderfolgenden Iterationsstufen sich um nicht mehr als 10 % unterscheiden [HYPE12]. Die Feinheit des

Netzes wurde in jeder Iterationsschleife über die Global Seed Size α_{GSS} verdoppelt. Für den Start der Netzkonvergenzanalyse wurde die halbe Blechdicke x_{Bl} als Global Seed Size α_{GSS} bestimmt. Abbildung 4.10a) zeigt die von Mises-Vergleichsspannung σ_{vM} über der Blechdicke x_{Bl}.

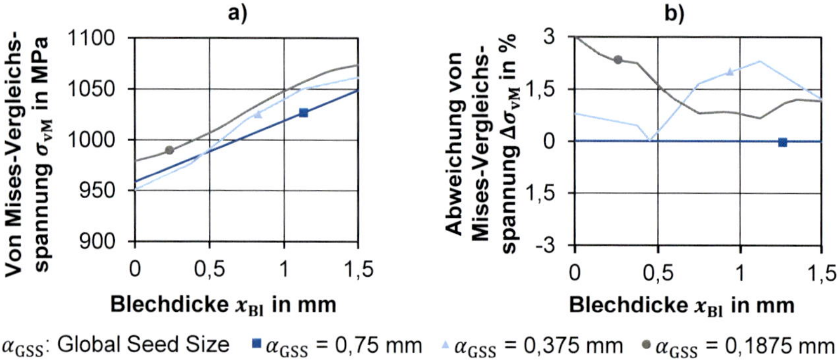

Abbildung 4.10: Vergleich verschiedener Netze der a) von Mises-Vergleichsspannung σ_{vM} über Blechdicke x_{Bl} und b) relativen Abweichung der von Mises-Vergleichsspannung σ_{vM} über Blechdicke x_{Bl} bei unterschiedlichen Global Seed Sizes α_{GSS}

Comparison of different meshs of a) von Mises stress σ_{vM} over sheet thickness x_{Bl} and b) relative deviation of von Mises stress σ_{vM} over sheet thickness x_{Bl} with different global seed sizes α_{GSS}

Die Steigung der von Mises-Vergleichsspannung σ_{vM} des zweimaschigen Netzes bleibt über die gesamte Blechdicke x_{Bl} konstant. Demgegenüber weisen der Verlauf des vier- und des achtmaschigen Netzes eine variierende Steigung der Mises-Vergleichsspannung σ_{vM} auf. Dies ist auf die Anzahl der Netzelemente in Richtung der Blechdicke zurückzuführen. Für jedes Netzelement wird durch einen diskreten Wert der von Mises-Vergleichsspannung σ_{vM} berechnet. Um einen kontinuierlichen Verlauf der von Mises-Vergleichsspannung σ_{vM} über die gesamte Blechdicke x_{Bl} zu erhalten, erfolgt eine lineare Interpolation zwischen den diskreten Werten der von Mises-Vergleichsspannung σ_{vM}. Das zweimaschige Netz weist lediglich zwei Netzelemente in Richtung der Blechdicke x_{Bl} auf, welche als Stützstellen der Interpolationen dienen. Dies resultiert in einem linearen Verlauf der von Mises-Vergleichsspannung σ_{vM}. Die höhere Anzahl an Stützstellen des vier- und des achtmaschigen Netzes erlaubt eine präzisere Interpolation. Die lineare Interpolation wird als unzureichend eingeschätzt, um die komplexen Spannungszustände im Blechwerkstück adäquat abzubilden, sodass das zweimaschige Netz für die Untersuchungen ausgeschlossen wurde.

Abbildung 4.10b) zeigt die prozentualen Abweichungen der von Mises-Vergleichsspannung $\Delta\sigma_{\text{vM}}$ zueinander über die Blechdicke x_{Bl}. Das Maximum der prozentualen Abweichung der von Mises-Vergleichsspannung $\Delta\sigma_{\text{vM}}$ tritt für den Vergleich des vier- und zweimaschigen Netzes bei einer Blechdicke x_{Bl} von x_{Bl} = 1,125 mm auf und beträgt $\Delta\sigma_{vM}$ = 2,3 %. Wird die von Mises-Vergleichsspannung σ_{vM} des acht- und des viermaschigen Netzes verglichen, erreicht die prozentuale Abweichung der von Mises-Vergleichsspannung $\Delta\sigma_{vM}$ an der Napfaußenseite ein betragsmäßiges Maximum mit einem Wert von $\Delta\sigma_{vM}$ = 1,33 %. Das Konvergenzkriterium wird somit bereits in der ersten Iterationsstufe erreicht, sodass das viermaschige Netz eine hinreichend genaue Abbildung des Tiefziehens nach Konvergenzkriterium gewährleistet. Aufgrund des verwendeten Werkstoffmodells, das mit einem fünfmaschigen Netzes kalibriert wurde, wurde das Netz fünfmaschig ausgelegt, um die Abbildungsgenauigkeit der numerischen Prozesssimulation weiter zu erhöhen. Die finale Global Seed Size α_{GSS} ergibt sich somit zu α_{GSS} = 0,3.

Werkstoffmodellierung

Als Werkstoffmodell wurde ein Lemaitre-Modell herangezogen. Das Modell wurde speziell für den in dieser Arbeit verwendeten DP800 mit martensitischer Bandstruktur kalibriert und als implementierte Usersubroutine VUMAT für Abaqus 6.14-6/Explicit zur Verfügung gestellt. Die Parameteridentifikation erfolgte durch den Abgleich von Simulationen mit experimentellen Daten einer DP800-Probe unter Zugbelastung. Ein Simplex-Algorithmus minimierte dabei die Differenz zwischen simulierten und experimentellen Kraftverläufen, indem die Schadensparameter des Modells optimiert wurden. Nähere Informationen zu den spezifischen Details des verwendeten Lemaitre-Modells, zur exakten Vorgehensweise sowie zu den Ergebnissen der Kalibrierung sind ausführlich in Sprave et al. zu finden [SPRA20].

Auswertemethodik der Lastpfade

Um die Variation der Prozessparameter und die Variation der Prozessführung hinsichtlich auftretender Lastpfade und induzierter duktiler Schädigung im Blechwerkstück zu analysieren, wurde je Variation (Matrizenradius r_M, Walzrichtung des Blechzuschnitts relativ zu den Werkzeugelementen, Stempelgeschwindigkeit v_{St}, Prozessführung) ein experimentelles Prozessfenster ermittelt. Hierbei wurde der Stempelweg x beim Tiefziehen schrittweise erhöht, bis der Werkstoff versagte. Ausschlaggebend war dabei jeweils das Blechwerkstück mit der kritischsten Parameterkombination, das als erstes ausfiel. So ergab sich bei der Variation von Matrizenradius r_M, Walzrichtung des Blechzuschnitts relativ zu den Werkzeugelementen, Stempelgeschwindigkeit v_{St} und Reibung ein Stempelweg x von x = 8 mm für die rechteckige Geometrie und x = 18 mm für das U-Profil. Bei der Variation der Prozessführung wurde für das Prozessfenster ein Stempelweg x von x = 7 mm für die rechteckige Geometrie und x = 13 mm für das U-Profil ermittelt.

Die numerische Analyse des Einflusses der Prozesseinflussgrößen auf die Lastpfade sowie auch anschließend auf die induzierte duktile Schädigung wurde an einem Referenzpunkt durchgeführt, der entsprechend potenziellen zukünftigen Anwendungen ausgewählt wurde. Dieser befand sich in der exakten Ecke in der Mitte des Übergangs von Boden zu Wand am Außenbogen bei der rechteckigen Geometrie sowie auf der Symmetrielinie in der Mitte des Übergangs von Boden zu Wand beim U-Profil. Hierbei wurden 5x5 Elemente analysiert, sodass ein Volumen von 2,25 mm^3 betrachtet wurde.

Die Lastpfade wurden in Form der Triaxialität η, des Lode-Winkel-Parameters $\bar{\theta}$ und der plastischen Vergleichsformänderung $\varepsilon_{\mathrm{pl}}$ bewertet. Hierfür wurde das Diagramm aus Abbildung 2.12 herangezogen und die entsprechenden auftretenden Spannungszustände bestimmt. Die notwendige Umformarbeit W wurde ebenfalls über die Stempelkraft F_{St} und den Stempelweg x quantifiziert.

Experimentelle Validierung

Die numerische Prozessmodellierung wurde mittels Visioplastizität an der rechteckigen Geometrie mit einem Matrizenradius r_{M} von r_{M} = 3 mm und einem Stempelweg x von x = 8 mm validiert. Für die Visioplastizitätsanalyse wurde ein Punktraster auf die Oberfläche des Blechzuschnitts durch einen Laser aufgebracht, das nach dem experimentellen Tiefziehen entsprechend Abbildung 4.11a) mithilfe GOM Argus der Firma Carl Zeiss ausgewertet wurde. Ziel war, Rückschlüsse auf die plastischen Umformgrade φ_i in Form der Hauptformänderungen φ_1 und Nebenformänderungen φ_2 zu schließen. Das Punktraster bestand aus Punkten eines ursprünglichen Durchmessers D_{P} von D_{P} = 1,5 mm mit einem Mittelpunktsabstand a_{P} von a_{P} = 2,25 mm. Die Vorgehensweise der Auswertung ist in Abbildung 4.11b) zu finden.

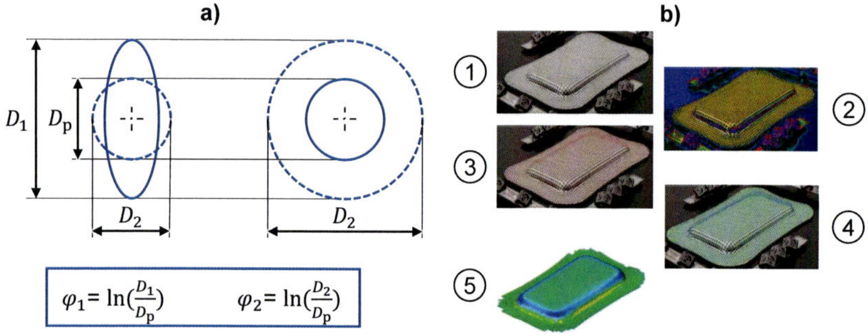

φ_i: Umformgrad, D_{p}: ursprünglicher Durchmesser, D_i: deformierte Durchmesser

Abbildung 4.11: a) Methodik der Dehnungsanalyse und b) Vorgehensweise bei der Visioplastizitätsanalyse; 1: Fotografie, 2: Kontrast verstärken, 3: Ellipsen erkennen, 4: Dehnungen berechnen, 5: Dehnungen visualisieren

a) Methodology of strain analysis and b) approach for visioplasticity analysis; 1: photography, 2: enhance contrast, 3: recognise ellipses, 4: calculate strains, 5: visualise strains

Nach der Visioplastizitätsanalyse wurde die errechnete Hauptformänderung φ_1 mit der plastischen Vergleichsformänderung φ_{pl}, die aus der numerischen Prozessmodellierung gewonnen wurde, qualitativ miteinander verglichen. In Abbildung 4.12 ist der Vergleich grafisch dargestellt. Sowohl die Hauptformänderungen φ_1 als auch die plastischen Vergleichsformänderungen φ_{pl} zeigen keine signifikanten Unterschiede, insbesondere was die Verteilung der Dehnungen im untersuchten Bereich betrifft. Die Dehnungsverteilung verläuft in beiden Fällen ähnlich, was darauf hinweist, dass die numerische Prozessmodellierung den experimentellen Tiefziehprozess hinreichend genau hinsichtlich der auftretenden plastischen Formänderungen widerspiegelt.

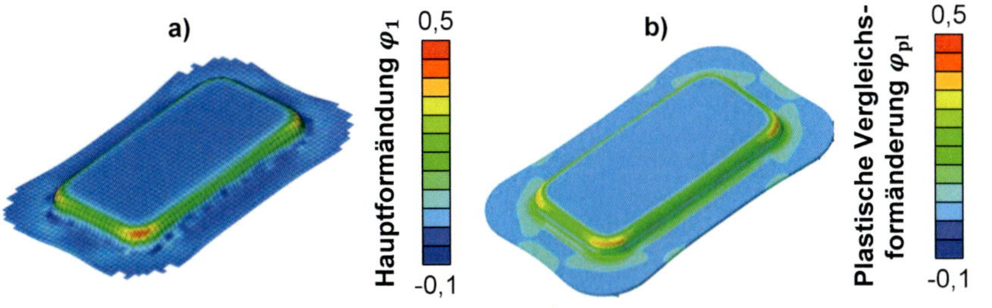

Abbildung 4.12: Gegenüberstellung der a) Hauptformänderung φ_1 nach dem experimentellen Tiefziehen und b) numerisch vorhergesagter plastischer Vergleichsformänderung φ_{pl}

Comparison of the a) major plastic strain φ_1 after experimental deep drawing and b) numerical predicted equivalent plastic strain φ_{pl}

Die errechneten Hauptformänderungen φ_1 und Nebenformänderungen φ_2 wurden weiterhin genutzt, um eine Grenzformänderungsanalyse durchzuführen. Hierfür wurde nach DIN EN ISO12004-2 [DIN21b] mit dem Ansatz nach Nakajima [NAKA68] eine FLC erzeugt. Es wurden die in Abbildung 4.13 gezeigten geometrischen Abmessungen der Proben sowie der Versuchsaufbau genutzt. Zur Versuchsdurchführung kam eine Blechumformprüfmaschine BUP200 der Firma Zwickroell GmbH&Co. KG in Kombination mit einem DIC-System Aramis SRX der Firma Carl Zeiss zum Einsatz. Die Niederhalterkraft F_{Nh} wurde konstant gehalten und betrug F_{Nh} = 275 kN. Die Stempelgeschwindigkeit v_{St} betrug v_{St} = 1,5 mm/s.

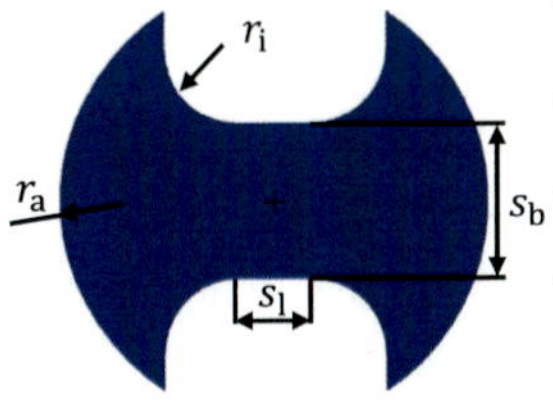

a)

s_b	10, 20, 40, 80, 115
s_l	40 mm
r_i	20 mm
r_o	115 mm

b)

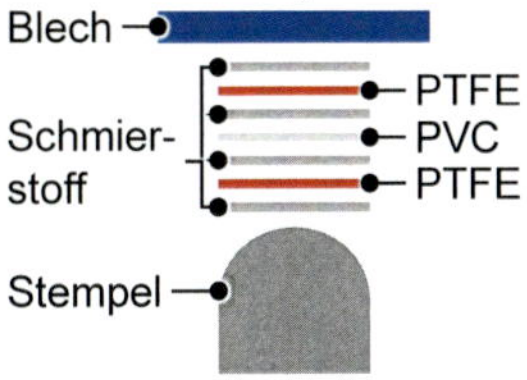

s_l: Steglänge, s_b: Stegbreite, r_a: Außenradius, r_i: Innenradius
PTFE: Polytetrafluorethylen, PVC: Polyvinylchlorid

Abbildung 4.13: a) Geometrische Abmessungen der Proben nach Nakajima und b) Versuchsaufbau zur FLC Generierung

a) Geometric dimensions of the samples according to Nakajima and b) experimental setup for FLC generation

Wie in Abbildung 4.14 zeigt, liegt das Tiefziehen der rechteckigen Geometrie mit einem Matrizenradius r_M von r_M = 3 mm und einem Stempelweg x von x = 8 mm an der Prozessgrenze hin zum Versagen. Entsprechend wird das mögliche Prozessfenster, das sich durch Werkstoff und geometrischer Abmessung ergibt, ausgeschöpft.

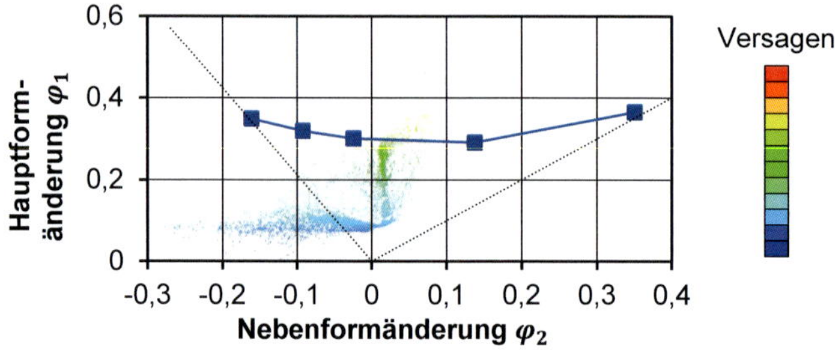

Abbildung 4.14: Grenzformänderungsanalyse nach dem experimentellen Tiefziehen mittels Visioplastizität

Forming limit analysis after experimental deep drawing using visioplasticity

4.3 Einfluss der Prozessparameter auf die Lastpfade

Influence of the process parameters on the load paths

Die Verläufe der Triaxialität η und des Lode-Winkel-Parameters $\bar{\theta}$ über der plastischen Vergleichsdehnung φ_{pl} für die verschiedene Matrizenradien r_M = {3;6;9} mm im Referenzpunkt der rechteckigen Geometrie in Abbildung 4.15 zeigen für alle Matrizenradien r_M ähnliche Charakteristika auf. Sie unterscheiden sich jedoch deutlich in der maximalen plastischen Vergleichsformänderung φ_{pl}.

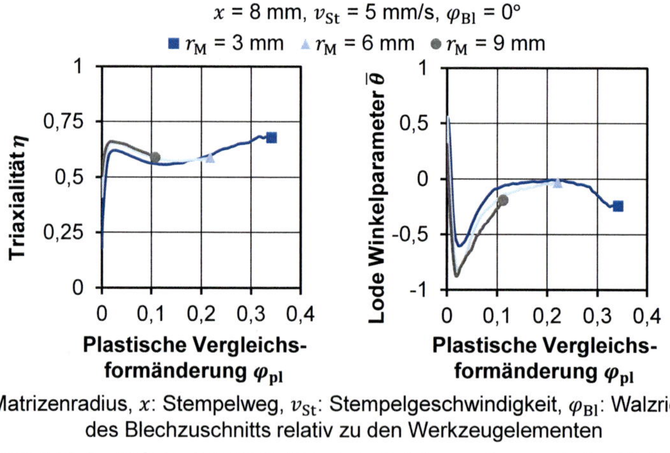

r_M: Matrizenradius, x: Stempelweg, v_{St}: Stempelgeschwindigkeit, φ_{Bl}: Walzrichtung des Blechzuschnitts relativ zu den Werkzeugelementen

Abbildung 4.15: Lastpfade bei Variation des Matrizenradius r_M beim Tiefziehen der rechteckigen Geometrie

Load paths with variation of the die radius r_M during deep drawing of the rectangular geometry

Die Spannungszustände im Referenzpunkt der rechteckigen Geometrien beginnen für alle Matrizenradien r_M zunächst im Bereich der uniaxialen Zugspannung, während der Werkstoff in Stempelrichtung gezogen wird. Bis zu einer plastischen Vergleichsformänderung φ_{pl} von φ_{pl} = 0,02 verändern sich die Spannungszustände über die ebene

Zugspannung hin zu äquibiaxialer Zugspannung, da der Werkstoff im betrachteten Bereich die Geometrie des Stempels annimmt, diese lokal symmetrisch ist und dadurch zu einer gleichmäßigen Querdehnung führt. Dieser Übergang in den Spannungszuständen ist für alle Matrizenradien r_M gleichermaßen zu beobachten. Jedoch ist aufgrund des kleineren Lode-Winkel-Parameter $\bar{\theta}$ mit steigendem Matrizenradien r_M eine geringere Blechausdünnung in Form einer geringeren plastischen Vergleichsformänderung φ_{pl} zu erwarten, da eher ein äquibiaxialer als ein ebener Spannungszustand vorherrscht. Ab einer plastischen Vergleichsformänderung φ_{pl} von φ_{pl} = 0,02 steigt der Lode-Winkel-Parameter $\bar{\theta}$ für alle Matrizenradien r_M an, was darauf hinweist, dass sich die Spannungszustände hin zur ebenen Zugspannung verändern. Hierbei ist davon auszugehen, dass der asymmetrische Werkstofffluss gemäß Abbildung 4.7 einen dominierenden Einfluss auf den Werkstofffluss am Referenzpunkt besitzt und entsprechend zu einer ungleichmäßigen Belastung in Form von Zugspannungen führt. Die Verläufe des Matrizenradius r_M = 9 mm enden schließlich bei einer plastischen Vergleichsformänderung φ_{pl} von φ_{pl} = 0,114, während sich die Verläufe der Matrizenradien r_M = {3;6} mm fortsetzen und für den Bereich der plastischen Vergleichsformänderung φ_{pl} von φ_{pl} = 0,1 - 0,25 im Bereich der ebenen Zugspannung verbleiben. Die Verläufe des Matrizenradius r_M von r_M = 6 mm resultieren schließlich bei einer plastischen Vergleichsformänderung φ_{pl} von φ_{pl} = 0,223, wohingegen der Spannungszustand des Referenzprozesses mit einem Matrizenradius r_M von r_M = 3 mm bei einer plastischen Vergleichsformänderung φ_{pl} von φ_{pl} = 0,343 im Übergang der ebenen Zugspannung zur äquibiaxialen Zugspannung endet.

Eine Erklärung für die unterschiedlichen plastischen Vergleichsformänderungen φ_{pl} lässt sich aus Abbildung 4.16 ableiten, die die benötigten Stempelkräfte F_{St} in Abhängigkeit von der Variation des Matrizenradius r_M beim Tiefziehen der rechteckigen Geometrie sowie die entsprechende benötigte Umformarbeit W aufzeigt. Zu erkennen ist, dass die Stempelkräfte F_{St} aller Matrizenradien r_M zwar alle eine nahezu lineare Steigung mit zunehmendem Stempelweg x aufweisen, die Steigungen der Verläufe dabei jedoch umso größer sind, je kleiner der Matrizenradius r_M ist. Parallel dazu steigt auch die benötigte Umformarbeit W entsprechend mit kleiner werdendem Matrizenradius r_M. Korreliert werden kann dies damit, dass das Tiefziehen eines kleineren Matrizenradius r_M zu einer höheren Flanscheinzugskraft führt, da der Werkstofffluss in den Ziehspalt durch den kleineren Biegeradius behindert wird. Diese erhöhte Flanscheinzugskraft, die sich in der Umformarbeit W als höhere Stempelkraft F_{St} widerspiegelt, bewirkt eine größere plastische Vergleichsformänderung φ_{pl} im Referenzpunkt in Form einer höheren Blechausdünnung, da der Werkstoff höherer Belastung in Form von höheren Zugspannungen ausgesetzt wird. Weiterhin nimmt die Blechumlenkung mit kleinerem Matrizenradius r_M zu, wodurch die Biegebeanspruchung steigt. Dies führt zu einer größeren plastischen Dehnung im Werkstück, insbesondere in den Bereichen maximaler Zugspannungen. Die Beobachtungen korrelieren dabei mit den Wechselwirkungen zwischen Matrizenradius r_M, Stempelradius r_{St} und Blechausdünnung, wie sie in Abbildung 2.1 nach Simon et al. dargestellt sind [SIMO90].

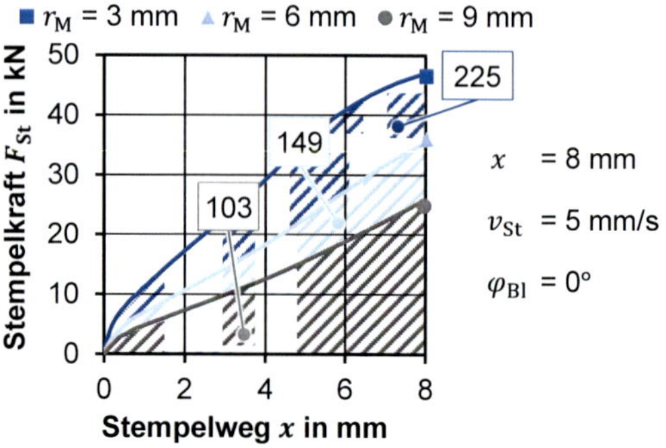

r_M: Matrizenradius, x: Stempelweg, v_{St}: Stempelgeschwindigkeit, φ_{Bl}: Walzrichtung des Blechzuschnitts relativ zu den Werkzeugelementen

Abbildung 4.16: Stempelkraft F_{St} bei Variation des Matrizenradius r_M beim Tiefziehen der rechteckigen Geometrie

Punch force F_{St} with variation of the die radius r_M during deep drawing of the rectangular geometry

Analog zu der rechteckigen Geometrie weisen auch die Verläufe der Triaxialität η und des Lode-Winkel-Parameters $\bar{\theta}$ über der plastischen Vergleichsdehnung φ_{pl} der verschiedene Matrizenradien r_M = {3;6;9} mm im Referenzpunkt des U-Profils ähnliche Charakteristika auf, wie in Abbildung 4.17 dargestellt. Die Spannungszustände setzen für alle Matrizenradien r_M im Bereich der uniaxialen Zugspannung ein, da der Werkstoff zunächst in Stempelrichtung in den Ziehspalt gezogen wird. Bis zu einer plastischen Vergleichsformänderung φ_{pl} von φ_{pl} = 0,05 gehen die Spannungszustände in ebene Zugspannungen bis zum Ende der jeweiligen Verläufe über, da der Werkstoff im Referenzpunkt die Geometrie des Stempels annimmt. Die plastische Vergleichsdehnungen φ_{pl} enden dabei bei φ_{pl} = 0,217 für r_M = 3 mm als Referenzprozess, φ_{pl} = 0,214 für r_M = 6 mm und φ_{pl} = 0,204 für r_M = 9 mm und zeigen einen deutlichen geringeren Unterschied als die der rechteckigen Geometrie. Hierbei ist davon auszugehen, dass die geringere Sensitivität des Werkstoffflusses gegenüber Änderungen im Matrizenradius r_M auf die jeweilige Geometrie zurückzuführen ist. Zwar erfahren beide Geometrien eine unterschiedliche Blechumlenkung in Abhängigkeit des Matrizenradius r_M, wodurch sich auch die Biegebeanspruchung verändert, jedoch zeichnet sich das U-Profil insbesondere durch seinen symmetrischen Werkstofffluss aus. Die geradlinigen Fließwegen des Werkstoffes führen zu einer gleichmäßigeren Verteilung der Belastung und somit zu einer verringerten Blechausdünnung. Im Gegensatz dazu weist die rechteckige Geometrie einen asymmetrischen Werkstofffluss auf, der durch komplexere Fließwege in den Eckbereichen gekennzeichnet ist, wie Abbildung 2.2 gezeigt hat. Diese Komplexität führt zu unterschiedlichen lokalen Spannungszuständen und einer stärkeren Abhängigkeit vom Matrizenradius r_M, besonders in den Eckbereichen, wo sich der Referenzpunkt der rechteckigen Geometrie befindet.

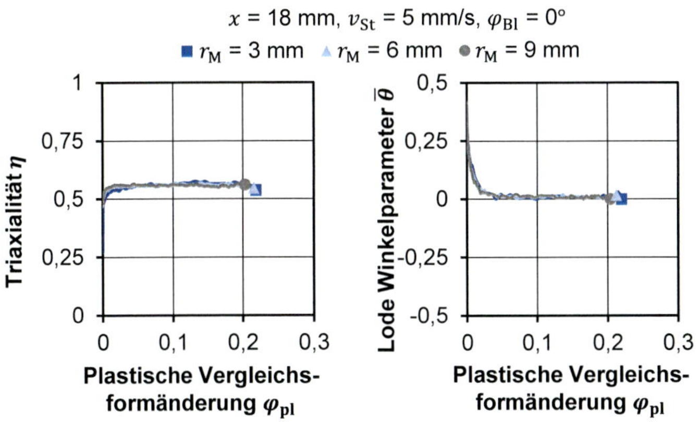

r_M: Matrizenradius, x: Stempelweg, v_{St}: Stempelgeschwindigkeit, φ_{Bl}: Walzrichtung des Blechzuschnitts relativ zu den Werkzeugelementen

Abbildung 4.17: Lastpfade bei Variation des Matrizenradius r_M beim Tiefziehen des U-Profils

Load paths with variation of the die radius r_M during deep drawing of the U-Profile

Die Verläufe der benötigten Stempelkräfte F_{St} sowie die entsprechende benötigte Umformarbeit W bei Variation des Matrizenradius r_M beim Tiefziehen des U-Profils in Abbildung 4.18 zeigen, dass alle Verläufe der Stempelkräfte F_{St} zu Beginn zunächst einen konkaven parabolischen Anstieg aufweisen, während der Werkstoff in den Ziehspalt hineingezogen wird und die Geometrie des Stempels annimmt. Hierbei ist die Steigung umso größer, je kleiner der Matrizenradius r_M ist, was erneut mit der unterschiedlichen Blechumlenkung und daraus resultierenden Biegebeanspruchung korreliert. Die Stempelkraft F_{St} des Matrizenradius r_M von r_M = 3 mm, als Referenzprozess, zeigt anschließend ab einem Stempelweg x von x = 6 mm ein Plateau. Die Stempelkraft F_{St} des Matrizenradius r_M von r_M = 6 mm fällt hingegen bei einem Stempelweg x von x = 10 mm ab, um anschließend wieder anzusteigen und nach Abfall von einem Plateau zu enden. Die Stempelkraft F_{St} des Matrizenradius r_M von r_M = 9 mm fällt bei einem Stempelweg x von x = 16 mm ab und endet mit Abfall nach einem Plateau.

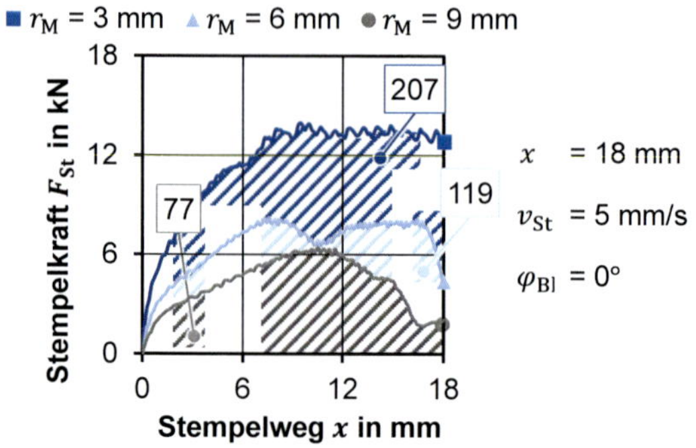

r_M: Matrizenradius, x: Stempelweg, v_{St}: Stempelgeschwindigkeit, φ_{Bl}: Walzrichtung des Blechzuschnitts relativ zu den Werkzeugelementen

Abbildung 4.18: Stempelkraft F_{St} bei Variation des Matrizenradius r_M beim Tiefziehen des U-Profils

Punch force F_{St} with variation of the die radius r_M during deep drawing of the U-Profile

Die beobachteten Plateaus der Stempelkraft F_{St} der Matrizenradien r_M = {3;6} können darauf zurückgeführt werden, dass der Werkstoff zu diesem Zeitpunkt bereits die Geometrie des Stempels angenommen hat. Es stellt sich aufgrund des symmetrischen Werkstoffflusses ein stationäres Kraftniveau der Stempelkraft F_{St} ein, wobei jedoch unklar bleibt, weshalb der Verlauf der Stempelkraft F_{St} des Matrizenradius r_M von r_M = 6 mm erneut abfällt. Für den Matrizenradius r_M von r_M = 9 mm hingegen wird aufgrund des größeren Matrizenradius r_M ein größerer Stempelweg x benötigt, bis der Werkstoff die Geometrie des Stempels vollständig annimmt, sodass der parabolische Anstieg der Stempelkraft F_{St} über einen weiteren Stempelweg x erfolgt. Dies lässt sich auch beim Matrizenradius r_M von r_M = 6 mm beobachten. Letztlich resultiert eine benötigte Umformarbeit W, die analog zur rechteckigen Geometrie mit kleiner werdendem Matrizenradius r_M steigt.

Die in Abbildung 4.19 dargestellten Verläufe der Triaxialität η und des Lode-Winkel-Parameters $\bar{\theta}$ über der plastischen Vergleichsdehnung φ_{pl} für die Variation der Reibung im Referenzpunkt der rechteckigen Geometrie verlaufen analog zu denen der Variation der Matrizenradien r_M. Entsprechend finden sich auch die gleichen Spannungszustände wieder, die gleich begründet werden können. Erneut zeigt sich jedoch ein Unterschied in der plastischen Vergleichsformänderung φ_{pl}. Die Spannungszustände enden bei einer plastischen Vergleichsformänderung φ_{pl} von φ_{pl} = 0,343 für den Referenzprozess und bei φ_{pl} = 0,331 für die Variation der Reibung. Begründet ist dies durch den asymmetrischen Werkstofffluss der reckteckigen Geometrie, der durch die Variation der Reibung und die Einführung der unterschiedlichen Reibkoeffizieten μ gemäß Abbildung 4.7 angeglichen wird.

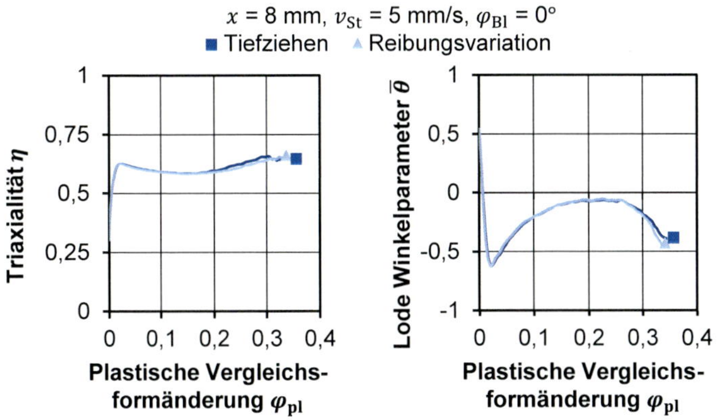

x: Stempelweg, v_{St}: Stempelgeschwindigkeit, φ_{Bl}: Walzrichtung des Blechzuschnitts relativ zu den Werkzeugelementen

Abbildung 4.19: Lastpfade bei Variation der Reibung beim Tiefziehen der rechteckigen Geometrie

Load paths with variation of friction during deep drawing of the rectangular geometry

Durch den Angleich des Werkstoffflusses sinken die benötigten Stempelkräfte F_{St} zum Tiefziehen, sodass im Referenzpunkt geringere Zugspannungen auftreten, die wiederum zu einer geringeren plastischen Vergleichsformänderung φ_{pl} führen. Dies wird durch die geringere benötigte Umformarbeit W in Abbildung 4.20 untermauert, wenn die Reibung variiert wird.

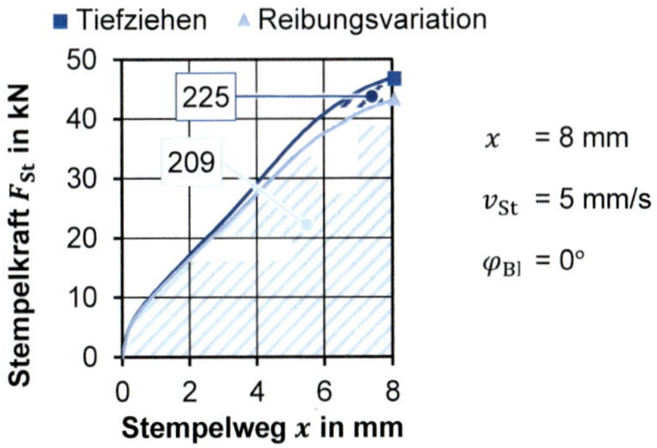

x: Stempelweg, v_{St}: Stempelgeschwindigkeit, φ_{Bl}: Walzrichtung des Blechzuschnitts relativ zu den Werkzeugelementen

Abbildung 4.20: Stempelkraft F_{St} bei Variation der Reibung beim Tiefziehen der rechteckigen Geometrie

Punch force F_{St} with variation of friction during deep drawing of the rectangular geometry

4.4 Einfluss der Prozessführung auf die Lastpfade

Influence of the process setup on the load paths

Im Gegensatz zu den Verläufen bei Variation der Prozessparameter zeigen die Verläufe der Triaxialität η und des Lode-Winkel-Parameters $\bar{\theta}$ über der plastischen Vergleichsdehnung φ_{pl} bei Variation der Prozessführung im Referenzpunkt deutlich andere Charakteristika, wie Abbildung 4.15 aufzeigt. Hierbei ist insbesondere der Verlauf des Lode-Winkel-Parameters $\bar{\theta}$ betroffen.

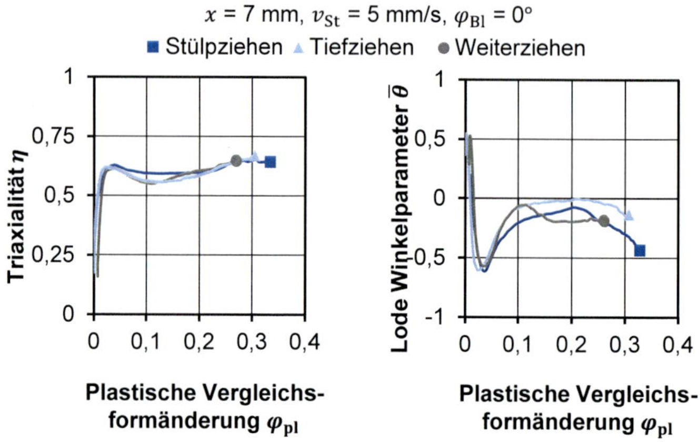

x: Stempelweg, v_{St}: Stempelgeschwindigkeit, φ_{Bl}: Walzrichtung des Blechzuschnitts relativ zu den Werkzeugelementen

Abbildung 4.21: Lastpfade bei Variation der Prozessführung der rechteckigen Geometrie

Load paths with variation of the process setup of the rectangular geometry

Die Spannungszustände beginnen für alle Prozessführungen im Bereich der uniaxialen Zugspannung, während der Werkstoff in Stempelrichtung in den Ziehspalt gezogen wird. Die Spannungszustände des Tiefziehens verhalten sich folgend analog zu Abbildung 4.15 und können entsprechend erläutert werden. Die Spannungszustände des Weiterziehens und Stülpziehens gehen ab einer plastischen Vergleichsformänderung φ_{pl} von φ_{pl} = 0,04 in den Bereich der ebenen und äquibiaxialen Zugspannung über, um sich anschließend wieder in Richtung ebener Zugspannung zu begeben. Ab einer plastischen Vergleichsformänderung φ_{pl} von φ_{pl} = 0,11 wechselt der Spannungszustand des Weiterziehens in Richtung der äquibiaxialen Zugspannung. Ein ähnlicher Übergang des Spannungszustands in Richtung der äquibiaxialen Zugspannung tritt auch beim Stülpziehen auf, jedoch erst ab einer plastischen Vergleichsformänderung φ_{pl} von φ_{pl} = 0,2. Die unterschiedlichen Prozessführungen führen schließlich zu unterschiedlichen plastischen Vergleichsformänderungen φ_{pl}. Das Tiefziehen als Referenzprozess erreicht eine plastischen Vergleichsformänderungen φ_{pl} von φ_{pl} = 0,309, das Weiterziehen von φ_{pl} = 0,266 und das Stülpziehen von φ_{pl} = 0,333.

Korreliert werden können die verschiedenen Verläufe der Spannungszustände sowie die unterschiedlichen maximalen plastischen Vergleichsformänderung φ_{pl} beim Tiefziehen, Weiterziehen und Stülpziehen mit dem Zusammenspiel der Komplexität der Spannungszustände und der jeweiligen Prozesskinematik. Alle Prozessführungen beginnen im einfachsten Zustand der uniaxialen Zugspannung, während der Werkstoff in Stempelrichtung gezogen wird. Der anschließende Übergang zur ebenen Zugspannung bedeutet eine Zunahme der Spannungskomplexität. Beim Weiterziehen erfolgt früh der Übergang zur weniger komplexen äquibiaxialen Zugspannung im Vergleich zur ebenen Zugspannung. Diese frühe Vereinfachung des Spannungszustands in Kombination mit der spezifischen Prozesskinematik, bei der der Werkstoff über zwei Matrizen geführt wird, führt zu einer geringeren maximalen plastischen Vergleichsformänderung φ_{pl}. Das Stülpziehen behält den komplexeren ebenen Zugspannungszustand deutlich länger bei und geht erst später in die äquibiaxiale Zugspannung über. Die längere Phase des komplexeren Spannungszustands in Verbindung mit der inversen Bewegungsrichtung des Werkstoffs resultiert in der höchsten plastischen Vergleichsformänderung φ_{pl}. Das konventionelle Tiefziehen als Referenzprozess, bei dem der Werkstoff direkt nach unten in die Matrize gezogen wird, liegt mit seiner maximalen plastischen Vergleichsformänderung φ_{pl} zwischen den beiden anderen Prozessen. Dies korreliert sowohl mit der mittleren Komplexität des Spannungszustands als auch mit der vergleichsweise einfachen Prozesskinematik. Die unterschiedlichen maximalen plastischen Vergleichsformänderung φ_{pl} ergeben sich also aus dem Zusammenwirken der spezifischen Spannungszustände und der jeweiligen Prozessführung, wobei die Komplexität der Spannungszustände und die Art der Werkstoffführung den plastischen Vergleichsformänderung φ_{pl} maßgeblich beeinflussen.

Trotz der deutlichen Unterschiede in den Spannungszuständen zeigt die Analyse der benötigten Stempelkräfte F_{St} und der entsprechend benötigten Umformarbeit W beim Tiefziehen, Stülpziehen und Weiterziehen der rechteckigen Geometrie in Abbildung 4.22 keine deutlichen Unterschiede. Die Verläufe der unterschiedlichen Prozessführungen weisen einen annähernd linearen Anstieg der benötigten Stempelkräfte F_{St} über dem Stempelweg x auf. Die benötigte Umformarbeit W ist annähernd gleich, obwohl sich die maximalen plastischen Vergleichsformänderungen φ_{pl} der Prozessführungen signifikant unterscheidet. Diese Beobachtung deutet darauf hin, dass die unterschiedlichen Prozessführungen und die daraus resultierenden Spannungszustände zwar zu unterschiedlichen Lastpfaden führen, der Gesamtenergiebedarf für die Umformung jedoch konstant bleibt. Dies ist ein Hinweis darauf, dass die energetische Effizienz der verschiedenen Prozessführungen vergleichbar ist und sich die unterschiedlichen Spannungszustände in ihrer Gesamtwirkung energetisch kompensieren. Die Komplexität der Spannungszustände und die spezifische Werkstoffführung beeinflussen somit zwar maßgeblich die Lastpfade und die maximalen plastischen Vergleichsformänderungen φ_{pl} nicht jedoch den Gesamtenergiebedarf des Umformprozesses.

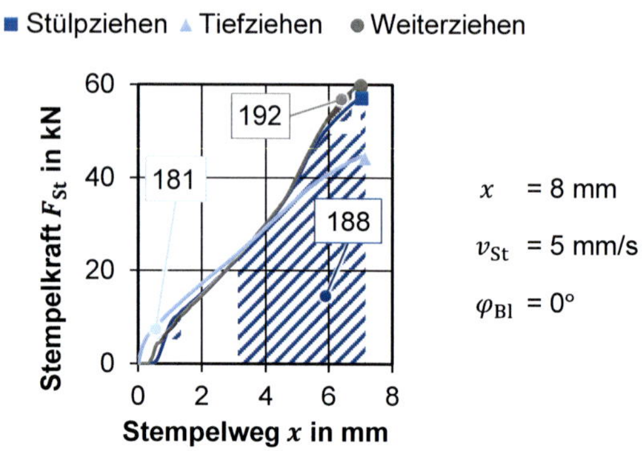

x: Stempelweg, v_{St}: Stempelgeschwindigkeit, φ_{Bl}: Walzrichtung des Blechzuschnitts relativ zu den Werkzeugelementen

Abbildung 4.22: Stempelkraft F_{St} bei Variation der Prozessführung der rechteckigen Geometrie

Punch force F_{St} with variation of the process setup of the rectangular geometry

Im Vergleich zur rechteckigen Geometrie zeigen sich die Verläufe der Triaxialität η und des Lode-Winkel-Parameters $\bar{\theta}$ über der plastischen Vergleichsdehnung φ_{pl} für das Tiefziehen, Stülpziehen und Weiterziehen im Referenzpunkt des U-Profils in Abbildung 4.23 ähnlich. Die Spannungszustände setzen im Bereich der uniaxialen Zugspannung ein.

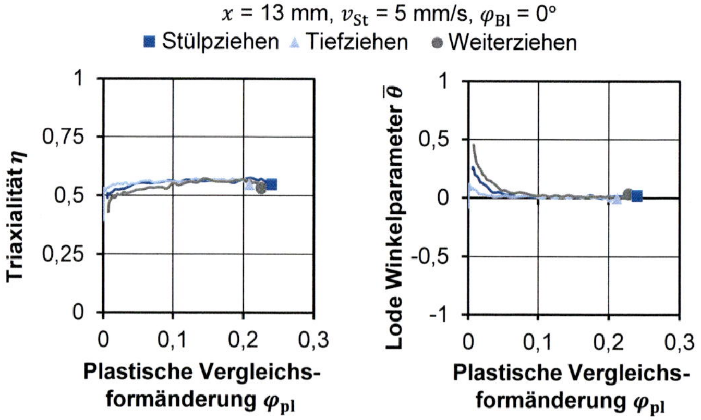

x: Stempelweg, v_{St}: Stempelgeschwindigkeit, φ_{Bl}: Walzrichtung des Blechzuschnitts relativ zu den Werkzeugelementen

Abbildung 4.23: Lastpfade bei Variation der Prozessführung des U-Profils

Load paths with variation of the process setup of the U-Profile

Bis zu einer plastischen Vergleichsformänderung φ_{pl} von φ_{pl} = 0,05 gehen die Spannungszustände in ebene Zugspannungen bis zum Ende der jeweiligen Verläufe über.

Hierbei ändert zunächst das Tiefziehen, dann das Stülpziehen und anschließend das Weiterziehen seinen Spannungszustand. Die plastische Vergleichsformänderung φ_{pl} enden dabei bei φ_{pl} = 0,217 für das Tiefziehen, φ_{pl} = 0,228 für das Weiterziehen und φ_{pl} = 0,238 für das Stülpziehen. Eine mögliche Erklärung für die resultierenden Spannungszustände und plastische Vergleichsformänderung φ_{pl} der unterschiedlichen Prozessführungen kann analog zur rechteckigen Geometrie in der spezifischen Prozesskinematik gefunden werden.

Anders als bei der rechteckigen Geometrie, unterscheiden sich die Verläufe der benötigten Stempelkräfte F_{St} sowie der entsprechenden benötigten Umformarbeit W beim Tiefziehen, Stülpziehen und Weiterziehen des U-Profils signifikant, wie Abbildung 4.24 aufzeigt. Alle Verläufe der Stempelkräfte F_{St} zeigen zu Beginn zunächst einen annähernd linearen Anstieg. Dieser setzt sich bis zum Ende für das Tiefziehen fort, was mit der gleichmäßigen, direkten Werkstoffführung in Stempelrichtung korreliert. Die Stempelkraft F_{St} des Stülpziehen hingegen fällt ab einem Stempelweg x von x = 8 mm kontinuierlich ab.

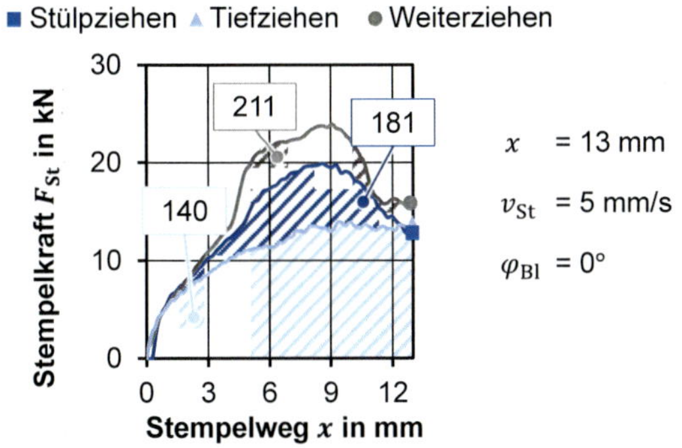

x: Stempelweg, v_{St}: Stempelgeschwindigkeit, φ_{Bl}: Walzrichtung des Blechzuschnitts relativ zu den Werkzeugelementen

Abbildung 4.24: Stempelkraft F_{St} bei Variation der Prozessführung des U-Profils

Punch force F_{St} with variation of the process setup of the U-Profile

Die Stempelkraft F_{St} steigt beim Weiterziehen bis zu einem Stempelweg x von x = 8 mm ebenfalls an, jedoch stellen sich zwischen einem Stempelweg x von x = 4-8 mm zwei Plateaus ein, je gefolgt von einem weiten Anstieg. Ab einem Stempelweg x von x = 9 mm fällt die Stempelkraft F_{St} letztlich bis zum Ende. Am größten summiert sich die Umformarbeit W für das Weiterziehen, gefolgt vom Stülpziehen und Tiefziehen auf. Der höhere Energiebedarf beim Weiterziehen und Stülpziehen lässt sich durch die komplexere Werkstoffführung sowie die zusätzlichen Umlenkungen und Reibungseinflüsse erklären. Die Unterschiede in den Kraftverläufen und der Umformarbeit W stehen dabei jedoch im Kontrast zu den ähnlichen Spannungsverläufen. Dies verdeutlicht, dass trotz vergleichbarer lokaler Spannungszustände die globalen

Prozesscharakteristika und der Gesamtenergiebedarf maßgeblich von der gewählten Prozessführung beeinflusst werden.

4.5 Fazit zu den Prozesseinflussgrößen

Conclusion of process influence parameters

Die in das Blechwerkstück induzierte duktile Schädigung in Form von Poren hängt von den auftretenden Spannungszuständen ab, die wiederum durch die Prozesseinflussgrößen beeinflusst werden. Dabei ist bekannt, dass die Form der Poren insbesondere vom Lode-Winkel-Parameter $\overline{\theta}$ und die Größe der Poren von der Triaxialität η abhängt [MOHR15]. Mithilfe der numerischen Prozessmodellierung wurde im vorangegangenen Kapitel umfassend der Spannungszustand in Bezug auf den Lode-Winkel-Parameter $\overline{\theta}$ und die Triaxialität η analysiert. Diese Untersuchung erfolgte unter Berücksichtigung der plastischen Vergleichsformänderungen φ_{pl} für den Tiefziehprozess einer rechteckigen Geometrie sowie für ein U-Profil, wobei jeweils ein ausgewählter Referenzpunkt innerhalb des Prozesses betrachtet wurde. Im Rahmen der Untersuchung wurden systematisch ausgewählte Prozesseinflussgrößen variiert, um den Einfluss auf den Spannungszustand zu quantifizieren. Ziel war es, ein detailliertes Verständnis dafür zu entwickeln, wie sich die Veränderungen der Prozesseinflussgrößen auf den Lode-Winkel-Parameter $\overline{\theta}$ und die Triaxialität η auswirken, und welche Wechselwirkungen dabei auftreten.

Gezeigt wurde, dass eine **Variation des Matrizenradius r_{M}** insbesondere zu einer unterschiedlichen resultierenden plastischen Vergleichsformänderung φ_{pl} führt. Mit steigendem Matrizenradius r_{M} nimmt die plastische Vergleichsformänderungen φ_{pl} ab. Diese Tendenz ist insbesondere bei einem asymmetrischen Werkstofffluss, der im analysierten Referenzpunkt bei der rechteckigen Geometrie auftritt, prägnant. Analog zur plastischen Vergleichsformänderungen φ_{pl} steigt auch die benötigte Umformarbeit W. Der Lode-Winkel-Parameter $\overline{\theta}$ und die Triaxialität η hingegen weisen, abgesehen von den Unterschieden in der resultierenden plastischen Vergleichsformänderungen φ_{pl}, ähnliche Verläufe auf. Entsprechend stellen sich trotz der unterschiedlichen resultierenden plastischen Vergleichsformänderungen φ_{pl} vergleichbare Spannungszustände ein. Die Variation des Matrizenradius r_{M} scheint einen wesentlichen Einfluss auf die erforderliche Flanscheinzugskraft zu besitzen. Diese Änderung wirkt sich direkt auf die Blechausdünnung aus, die sich in Form unterschiedlicher plastischer Vergleichsformänderungen φ_{pl} im betrachteten Bereich widerspiegelt. Diese Beobachtungen korrelieren mit den Wechselwirkungen zwischen Matrizenradius r_{M}, Stempelradius r_{St} und Blechausdünnung, die in Abbildung 2.1 dargestellt sind.

Die **Variation der Reibung** führt zu einer anderen plastischen Vergleichsformänderungen φ_{pl}, jedoch ist diese Änderung nicht signifikant. Darüber hinaus zeigen die Verläufe des Lode-Winkel-Parameters $\overline{\theta}$ und der Triaxialität η kaum Unterschiede bei Variation der Reibung. Die Umformarbeit W ist für die Variation der Reibung verringert.

Dies kann darauf zurückgeführt werden, dass der Werkstofffluss durch die unterschiedlichen Reibkoeffizienten μ bei Variation der Reibung angeglichen wird, wodurch die benötigten Stempelkräfte F_{St} sinken. Dadurch treten geringere Zugspannungen im Referenzpunkt auf, was wiederum zu einer reduzierten plastischen Vergleichsformänderungen φ_{pl} führt.

Analog zur Variation des Matrizenradius r_{M} beeinflusst die **Variation der Prozessführung** ebenfalls die plastischen Vergleichsformänderungen φ_{pl}, jedoch weniger ausgeprägt. Auch hier gilt, dass der Einfluss bei asymmetrischem Werkstofffluss ausgeprägter ist. Weiterhin hat sich gezeigt, dass die Verläufe des Lode-Winkel-Parameters $\overline{\theta}$ und der Triaxialität η beim U-Profil einen ähnlichen Verlauf aufweisen und somit ähnliche Spannungszustände auftreten. Die Umformarbeit W hingegen ist für das Weiterziehen am höchsten, gefolgt vom Stülpziehen und Tiefziehen. Bei der rechteckigen Geometrie hingegen tendiert der Spannungszustand beim Weiterziehen und Stülpziehen über weite Bereiche der plastischen Vergleichsformänderung φ_{pl} hin zum äquibiaxialen Spannungszustand, während beim Tiefziehen der Bereich des ebenen Spannungszustandes dominiert. Ein signifikanter Einfluss auf die Umformarbeit W hingegen existiert bei der rechteckigen Geometrie nicht. Dies steht im Kontrast zum U-Profil, bei dem sich deutliche Unterschiede in den Kraftverläufen und der benötigten Umformarbeit W zeigen, was verdeutlicht, dass die spezifische Prozesskinematik und Werkstoffführung maßgeblichen Einfluss auf den Gesamtenergiebedarf haben.

Damit wurde die **Forschungsfrage 1** beantwortet, welchen Einfluss die Prozesseinflussgrößen auf die Lastpfade besitzen. Auf Basis dieser Ergebnisse werden im nachfolgenden Kapitel die untersuchten Prozesseinflussgrößen unter dem Aspekt der induzierten duktilen Schädigung weiter analysiert. Dies erfolgt sowohl numerisch durch Vorhersage der duktilen Schädigung als auch experimentell durch Analyse der Blechwerkstücke. Hierfür werden Schlüsselparameter der duktilen Schädigung, wie Porenflächenanteil, Porengrößenverteilung und dominante Schädigungsmechanismen herangezogen. Im Fokus stehen die komplexen Wechselwirkungen zwischen Prozesseinflussgrößen, Lastpfaden und induzierter duktiler Schädigung zu verstehen und die numerischen Vorhersagen experimentell zu bestätigen.

5 Analyse des Einflusses der Lastpfade auf den Schädigungszustand

Analysis of the impact of the load paths on the damage state

Das Kapitel 4 hat gezeigt, dass die Lastpfade durch Variation der Prozessparameter und durch unterschiedliche Prozessführung beeinflusst werden können. Auf diese Weise wurde eine Grundlage geschaffen, um die Wechselwirkungen zwischen den ausgewählten Prozesseinflussgrößen beim Tiefziehen und der induzierten duktilen Schädigung zu analysieren. Im nachfolgenden Kapitel wird darauf aufbauend die Forschungsfrage gestellt „**Welchen Einfluss besitzen die Lastpfade auf die beim Tiefziehen induzierte duktile Schädigung?“.** Zur Beantwortung der Frage wird der Einfluss der Lastpfade auf den resultierenden Schädigungszustands untersucht. Hierfür wird die induzierte duktile Schädigung sowohl numerisch als auch experimentell quantifiziert. Zunächst wird in Kapitel 5.1, aufbauend auf der in Kapitel 4 dargestellten Prozessmodellierung, die induzierte duktile Schädigung numerisch vorhergesagt und eingehend bewertet. Ergänzend dazu werden die in Kapitel 4 zur Bestimmung des Prozessfensters verwendeten tiefgezogenen Blechwerkstücke einer experimentellen Analyse der duktilen Schädigung in Kapitel 5.2 unterzogen. Dabei werden wichtige Schädigungsgrößen, wie der Porenflächenanteil, die Porengrößenverteilung sowie die dominierenden Schädigungsmechanismen, betrachtet. Die experimentelle Quantifizierung der induzierten duktilen Schädigung dient dabei gleichzeitig der Validierung der Prozessmodellierung aus Kapitel 5.1 hinsichtlich der numerischen Vorhersage des Schädigungszustands. Weiterhin werden die aus den Analysen von Kapitel 4 extrahierten Lastpfade mit der quantifizierten duktilen Schädigung in Beziehung gesetzt, um mögliche Wechselwirkungen zwischen den Prozesseinflussgrößen, den Lastpfaden und der induzierten duktilen Schädigung zu untersuchen.

5.1 Numerische Vorhersage des Schädigungszustands

Numerical prediction of the damage state

Zur detaillierten Auswertung der numerisch vorhergesagten induzierten duktilen Schädigung wird die in das Blechwerkstück eingebrachte gesamte Schädigung quantifiziert, indem das Integral des Schädigungsparameters $\int D\, ds$ entlang der Außenseite der Auswerteebene berechnet wird. Dies geschieht, um einen umfassenden Überblick über die Schädigungsverteilung innerhalb des Blechwerkstücks zu erlangen. Dabei wird für jede Variation der Prozessparameter sowie der Prozessführung ausschließlich der Bereich der Blechwerkstücke berücksichtigt, der geometrisch ähnlich ist, um konsistente und vergleichbare Ergebnisse zu gewährleisten. Die Auswerteebene wird gezielt so festgelegt, dass sie von der Symmetrieebene des Blechwerkstücks durch den Referenzpunkt verläuft, wie in Abbildung 5.1 dargestellt. Gleichzeitig wird der numerisch vorhergesagte Schädigungsparameter D im Referenzpunkt analog zur Methodik zur Auswertung der Lastpfade, wie sie im Kapitel 4 beschrieben ist, quantifiziert. Zusätzlich wird die Schädigungsverteilung entlang der Auswerteebene hinsichtlich der

Charakteristika, insbesondere des numerisch vorhergesagten Schädigungsmaximums $D_{\max}$, bewertet.

Einfluss der Prozessparameter auf die Schädigungsverteilung

Die numerisch vorhergesagte Schädigungsverteilung entlang der Auswerteebene zeigt für die Variation des Matrizenradius r_{M} der rechteckigen Geometrie ähnliche Charakteristika auf, wie Abbildung 5.1 darstellt. So ist aufgrund fehlender plastischer Dehnung unabhängig vom Matrizenradius r_{M} weder im Boden noch im Flansch duktile Schädigung vorhanden. Gleichzeitig zeigt sich, dass das numerisch vorhergesagte Schädigungsmaximum $D_{\max}$ stets im Übergangsbereich vom Boden zur Wand lokalisiert ist. Mit zunehmendem Matrizenradius r_{M} verschiebt sich das Maximum jedoch in Richtung des Bodens, was dadurch begründet ist, dass sich der Stempelradius r_{St} aufgrund des begrenzten maximal möglichen Stempelwegs x auf dem Blechwerkstück noch nicht vollständig abgebildet hat.

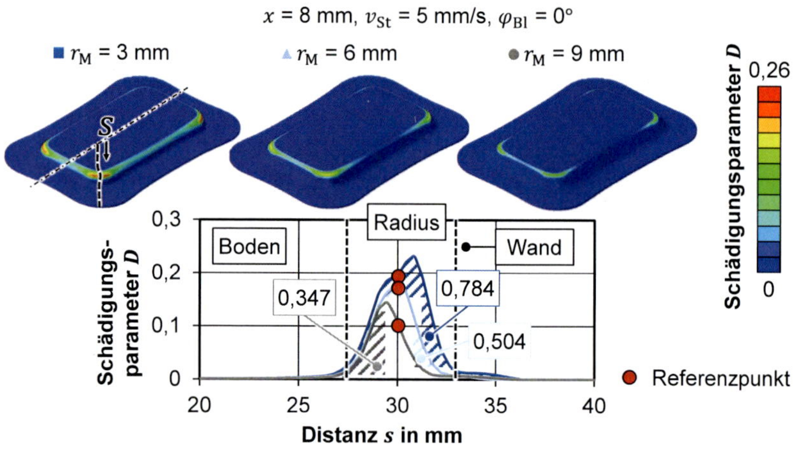

r_{M}: Matrizenradius, x: Stempelweg, v_{St}: Stempelgeschwindigkeit, φ_{Bl}: Walzrichtung des Blechzuschnitts relativ zu den Werkzeugelementen

Abbildung 5.1: Schädigungsverteilung bei Variation des Matrizenradius r_{M} beim Tiefziehen der rechteckigen Geometrie

Damage distribution with variation of the die radius r_M after deep drawing of the rectangular geometry

Im Vergleich zum Referenzprozess mit einem Matrizenradius r_{M} von r_{M} = 3 mm zeigt sich bei einem Matrizenradius r_{M} von r_{M} = 6 mm, dass der numerisch vorhergesagte Schädigungsparameter D im Referenzpunkt um 7,58 % geringer ausfällt. Die in das Blechwerkstücke eingebrachte gesamte duktile Schädigung als Integral des Schädigungsparameters $\int D\,ds$ ist analog dazu um 35,71 % geringer. Eine noch stärkere Reduktion der duktilen Schädigung tritt bei einem Matrizenradius r_{M} von r_{M} = 9 auf. Der numerisch vorhergesagte Schädigungsparameter D des Matrizenradius r_{M} von

r_{M} = 9 mm ist im Vergleich zum Referenzprozess mit einem Matrizenradius r_{M} von r_{M} = 3 mm um 39,13 % kleiner, während die in das Blechwerkstücke eingebrachte gesamte duktile Schädigung als Integral des Schädigungsparameters $\int D\, ds$ um 55,74 % sinkt. Zurückgeführt werden kann dies darauf, dass mit kleinerem Matrizenradius r_{M} auch der Biegeradius sinkt und demnach die Biegebeanspruchung steigt. Zeitgleich steigt die plastische Vergleichsformänderung φ_{pl} aufgrund einer höheren Flanscheinzugskraft, die sich in der Umformarbeit W als höhere Stempelkraft F_{St} darstellt. Entsprechend ändert sich die in das Blechwerkstück induzierte duktile Schädigung, da die duktile Schädigung bei ähnlichem Spannungszustand mit plastischer Dehnung gekoppelt ist.

Im Gegensatz zur rechteckigen Geometrie unterscheiden sich die numerisch vorhergesagten Schädigungsverteilungen bei Variation des Matrizenradius r_{M} des U-Profils signifikant in ihren Charakteristika, wie Abbildung 5.2 zu entnehmen ist. Zwar ist festzustellen, dass unabhängig vom Matrizenradius r_{M} aufgrund fehlender plastischer Dehnung keine duktile Schädigung im Boden und im Flansch vorhanden ist, jedoch existieren deutliche Unterschiede in der Position des numerisch vorhergesagten Schädigungsmaximums D_{max} je nach Matrizenradius r_{M}. So befindet sich das numerisch vorhergesagte Schädigungsmaximum D_{max} für die Matrizenradien r_{M} von r_{M} = {3,6} mm in der Wand der Blechwerkstücke. Im Gegensatz dazu wird für den Matrizenradius r_{M} von r_{M} = 9 mm das numerisch vorhergesagte Schädigungsmaximum D_{max} im Bereich des Radius im Übergang von Boden zur Wand lokalisiert. Der Grund dafür lässt sich in Abbildung 2.1 finden. Demnach wird bei größerem Matrizenradius r_{M} die Blechausdünnung am Stempelradius r_{St} begünstigt, während bei kleinerem Matrizenradius r_{M} die Blechausdünnung am Matrizenradius r_{M} gefördert wird. Die mit der Blechausdünnung gekoppelte plastische Dehnung fördert entsprechend das sich örtlich ergebende numerisch vorhergesagte Schädigungsmaximum D_{max}. Hierbei ist anzumerken, dass die Wand des jeweiligen Blechwerkstücks in Abhängigkeit des Matrizenradius r_{M} einen größeren oder kleineren Gesamtanteil der Geometrie einnimmt.

Neben der Position des numerisch vorhergesagten Schädigungsmaximums D_{max} ändert sich auch der absolute Wert des numerisch vorhergesagten Schädigungsparameters D im Referenzpunkt. So ist der numerisch vorhergesagte Schädigungsparameter D des Matrizenradius r_{M} von r_{M} = 6 mm im Referenzpunkt im Vergleich zum Referenzprozess mit einem Matrizenradius r_{M} von r_{M} = 3 mm um 6,41 % kleiner. Die in das Blechwerkstücke eingebrachte gesamte duktile Schädigung als Integral des Schädigungsparameters $\int D\, ds$ ist um 69,37 % geringer. Im Vergleich zum Referenzprozess mit einem Matrizenradius r_{M} von r_{M} = 3 mm zeigt der Matrizenradius r_{M} von r_{M} = 9 mm im Referenzpunkt einen um 12,88 % verringerten numerisch vorhergesagten Schädigungsparameter D auf. Die in das Blechwerkstücke eingebrachte gesamte duktile Schädigung als Integral des Schädigungsparameters $\int D\, ds$ ist 86,53 % kleiner. Begründet werden kann dies analog zur rechteckigen Geometrie durch die Biegebeanspruchung und damit korrelierende plastische Dehnung.

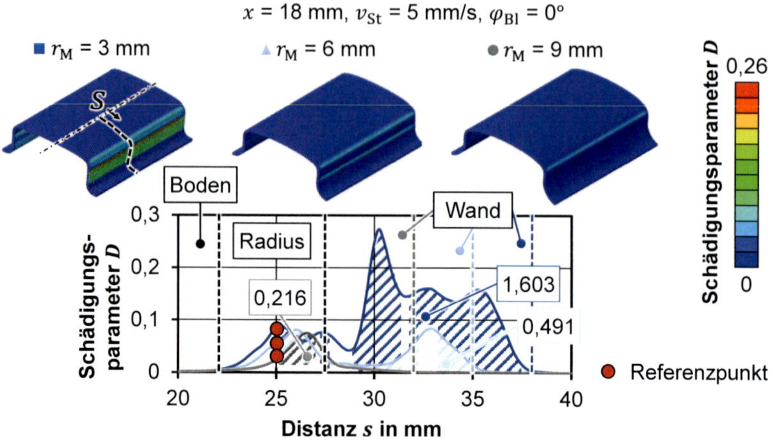

r_M: Matrizenradius, x: Stempelweg, v_{St}: Stempelgeschwindigkeit, φ_{Bl}: Walzrichtung des Blechzuschnitts relativ zu den Werkzeugelementen

Abbildung 5.2: Schädigungsverteilung bei Variation des Matrizenradius r_M beim Tiefziehen des U-Profils

Damage distribution with variation of the die radius r_M after deep drawing of the U-Profile

Anders als die Variation des Matrizenradius r_M zeigen die numerisch vorhergesagten Schädigungsverteilungen bei einer Variation der Reibung der rechteckigen Geometrie nicht nur ähnliche Charakteristika auf, sondern auch ähnliche Verläufe, dargestellt in Abbildung 5.3. Sowohl im Boden als auch im Flansch ist keine duktile Schädigung zu erkennen, was auf keinerlei plastische Dehnung in diesen Bereichen zurückzuführen ist. Gleichzeitig bleibt das numerisch vorhergesagte Schädigungsmaximum D_{max} konstant im Übergangsbereich vom Boden zur Wand lokalisiert. Im Vergleich zum Referenzprozess zeigt sich jedoch, dass die Variation der Reibung im Referenzpunkt zu einer Reduktion des numerisch vorhergesagten Schädigungsparameter D um 8,63 % führt. Gleichzeitig ist die insgesamt in das Blechwerkstück eingebrachte gesamte duktile Schädigung, berechnet als Integral des Schädigungsparameters $\int D\,ds$, ebenfalls um 5,1 % im Vergleich zum Referenzprozess reduziert. Eine Begründung hierfür kann in der geringeren plastischen Vergleichsformänderung φ_{pl} gefunden werden, die sich einstellt, wenn die Reibung variiert wird.

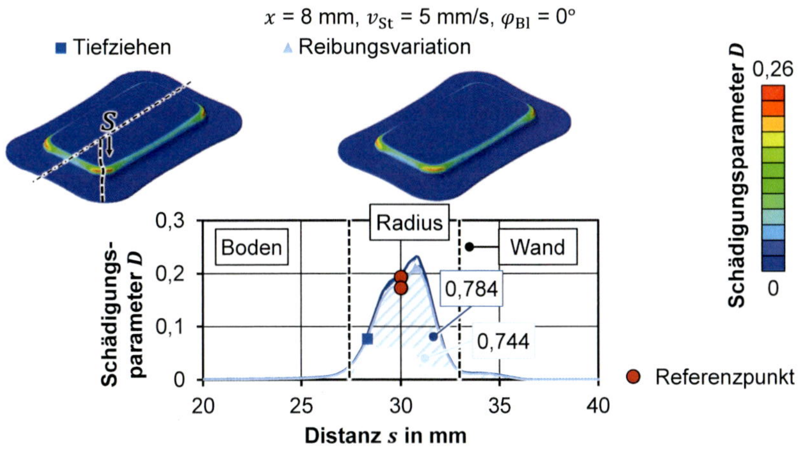

x: Stempelweg, v_{St}: Stempelgeschwindigkeit, φ_{Bl}: Walzrichtung des Blechzuschnitts relativ zu den Werkzeugelementen

Abbildung 5.3: Schädigungsverteilung bei Variation der Reibung beim Tiefziehen der rechteckigen Geometrie

Damage distribution with variation of the friction after deep drawing of the rectangular geometry

Einfluss der Prozessführung auf die Schädigungsverteilung

In Abbildung 5.4 ist die numerisch vorhergesagte Schädigungsverteilung bei Variation der Prozessführung der rechteckigen Geometrie dargestellt. Die Analyse der verschiedenen Prozessführungen zeigt, dass sich die Charakteristika der Schädigungsverteilungen entlang der Auswerteebene nicht signifikant unterscheiden. In keiner der Varianten ist duktile Schädigung im Boden noch im Bereich des Flansches vorhanden. Das numerisch vorhergesagte Schädigungsmaximum D_{max} liegt für alle Varianten jeweils im Übergangsbereich von Boden zur Wand. Der numerisch vorhergesagte Schädigungsparameters D des Stülpziehens ist im Vergleich zum Referenzprozess des Tiefziehens um 8,29 % größer, während die in das Blechwerkstücke eingebrachte gesamte duktile Schädigung als Integral des Schädigungsparameters $\int D\,ds$ um 3,36 % steigt. Das Weiterziehen weist im Vergleich zum Referenzprozess des Tiefziehens einen um 14,29 % größeren numerisch vorhergesagte Schädigungsparameters D im Referenzpunkt auf. Dabei ist die in das Blechwerkstücke eingebrachte gesamte duktile Schädigung als Integral des Schädigungsparameters $\int D\,ds$ um 6,56% höher. Auf Basis der Ergebnisse aus Kapitel 4 zeigen somit die unterschiedlichen Prozessführungen trotz deutlich unterschiedlicher Lastpfade in Form von Triaxialität η, Lode-Winkel-Parameters $\bar{\theta}$ und plastischer Vergleichsformänderung φ_{pl} im Referenzpunkt keine proportional dazu sich ändernden Schädigungswerte im betrachteten Bereich. Dies lässt vermuten, dass entweder das verwendete Schädigungsmodell nicht in der Lage ist, den komplexen Schädigungszustand der unterschiedlichen Prozessführung bei komplexer Prozesskinematik numerisch präzise vorherzusagen. Alternativ ist es ebenfalls möglich, dass nicht allein Triaxialität η, Lode-Winkel-Parameter $\bar{\theta}$ und plastische Vergleichsformänderung φ_{pl} im Referenzpunkt für die Schädigungsentwicklung entscheidend sind, sondern weitere Einflüsse, wie die globale Spannungs- und Dehnungsverteilung als solche.

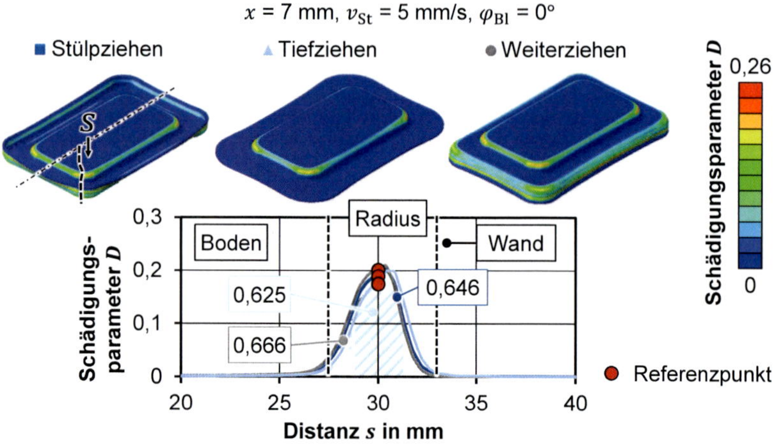

x: Stempelweg, v_{St}: Stempelgeschwindigkeit, φ_{Bl}: Walzrichtung des Blechzuschnitts relativ zu den Werkzeugelementen

Abbildung 5.4: Schädigungsverteilung bei Variation der Prozessführung nach dem Tiefziehen, Stülpziehen und Weiterziehen der rechteckigen Geometrie

Damage distribution with variation of the process setup after deep drawing, reverse drawing and redrawing of the rectangular geometry

Im Gegensatz zur rechteckigen Geometrie zeigen die numerisch vorhergesagten Schädigungsverteilungen bei Variation der Prozessführung des U-Profils signifikantere Unterschiede auf, obgleich die Lastpfade gemäß Kapitel 4 deutlich ähnlicher waren. Wie Abbildung 5.5 zeigt, tritt im Boden und im Bereich des Flansches keine duktile Schädigung auf. Das numerisch vorhergesagte Schädigungsmaximum D_{max} zeigt sich konsistent für den Referenzprozess des Tiefziehens sowie das Weiter- und Stülpziehen jeweils im Bereich der Wand. Der numerisch vorhergesagte Schädigungsparameters D des Stülpziehens im Referenzpunkt ist jedoch im Vergleich zum Referenzprozess des Tiefziehens um 12,4 % niedriger. Gleichzeitig ist die in das Blechwerkstücke eingebrachte gesamte duktile Schädigung als Integral des Schädigungsparameters $\int D\,ds$ 43,78 % größer. Das Weiterziehen zeigt im Vergleich zum Referenzprozess des Tiefziehens einen um 13,42 % niedriger numerisch vorhergesagte Schädigungsparameters D im Referenzpunkt auf. Dennoch ist die in das Blechwerkstücke eingebrachte gesamte duktile Schädigung als Integral des Schädigungsparameters $\int D\,ds$ um 37,51 % höher als beim Referenzprozess des Tiefziehens. Entsprechend sinkt zwar die Schädigung im betrachteten Referenzpunkt, jedoch ist davon auszugehen, dass die größere Biegebeanspruchung durch die komplexere Prozesskinematik beim Weiterziehen und Stülpziehen zu einer höheren plastischen Dehnung des Blechwerkstückes und analog dazu zu mehr duktiler Schädigung führt. Im Vergleich zum Tiefziehen, bei dem die zusätzliche Biegebeanspruchung durch den einstufigen Prozess weitgehend fehlt, sorgt die komplexere Prozesskinematik beim Weiterziehen und Stülpziehen dafür, dass sich die Schädigung stärker im gesamten Werkstück akkumuliert, obwohl sie im Referenzpunkt geringer ist.

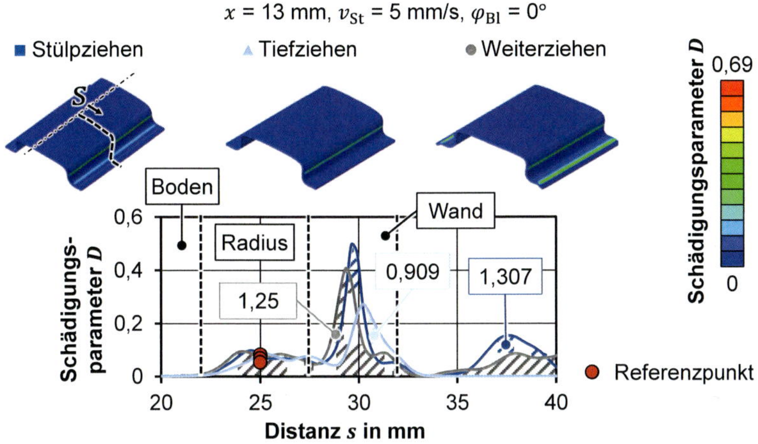

x: Stempelweg, v_{St}: Stempelgeschwindigkeit, φ_{Bl}: Walzrichtung des Blechzuschnitts relativ zu den Werkzeugelementen

Abbildung 5.5: Schädigungsverteilung bei Variation der Prozessführung beim Tiefziehen, Stülpziehen und Weiterziehen des U-Profils

Damage distribution with variation of the process setup after deep drawing, reverse drawing and redrawing of the U-Profile

5.2 Experimentelle Analyse des Schädigungszustands

Experimental analysis of the damage state

Zur detaillierten Auswertung des Schädigungszustands wurden von drei Blechwerkstücken je Variation der Prozessparameter und Prozessführung Rasterelektronenmikroskop (REM)-Aufnahmen angefertigt. Dazu wurden die Blechwerkstücke, entsprechend der Vorgehensweise in der numerischen Analyse der duktilen Schädigung, zunächst entlang der Auswerteebene getrennt. Anschließend erfolgte eine weitere Bearbeitung der Teilstücke, indem diese in ein leitfähiges Einbettmittel eingebettet, schrittweise geschliffen, poliert und geätzt wurden, bis die Mikrostruktur sichtbar wurde. Die im Anschluss angefertigten REM-Aufnahmen wurden mit einem Sigma VP 500 REM der Firma Zeiss unter Verwendung eines Inlens-Duo-Detektor, der in einer Gemini-Objektivlinse integriert ist, im Sekundärelektronen-Detektionsmodus angefertigt. Es wurden Panoramaaufnahmen mit einer Beschleunigungsspannung von 20 kV und einer Überlappung von 15 % aufgenommen. Die Bildauflösung betrug 3072 Pixeln je 100 µm. Analog zur numerischen Analyse der Lastpfade und des Schädigungszustands wurden auch die REM-Aufnahmen am Referenzpunkt auf der Auswerteebene der jeweiligen Geometrie angefertigt. Während jedoch bei der numerischen Analyse ein Volumen von 0,3x1,5x1,5 mm³ betrachtet wurde, fanden die REM-Aufnahmen auf einer Fläche von ~0,3x1,5 mm² statt (Abbildung 5.6) und wurden mittels Graustufenabgleich harmonisiert und zur Auswertung zusammengefügt.

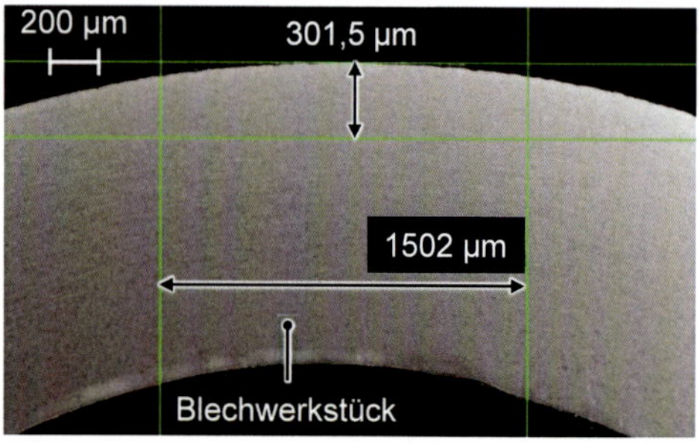

Abbildung 5.6: Bestimmung des Bildbereichs für die REM-Aufnahmen

Determination of the image area for the SEM images

Die auf diese Weise aufgenommenen Panorama-REM-Aufnahmen wurden anschließend einer detaillierten Analyse hinsichtlich der duktilen Schädigung unterzogen, wobei ein auf Deep Learning basierender Machine Learning Algorithmus zum Einsatz kam, der zur Verfügung gestellt wurde. Der Algorithmus wurde speziell für den in dieser Arbeit verwendeten Werkstoff DP800 trainiert, unterschiedliche Arten von duktiler Schädigung zu identifizieren, indem er sich auf die Erkennung und Differenzierung spezifischer Schädigungsmechanismen konzentriert (Abbildung 5.7). Der Notch-Effekt stellt dabei eine Kategorie von Schädigungsstellen dar, die so klein sind, dass sie nicht eindeutig einem spezifischen Schädigungsmechanismus zugeordnet werden können.

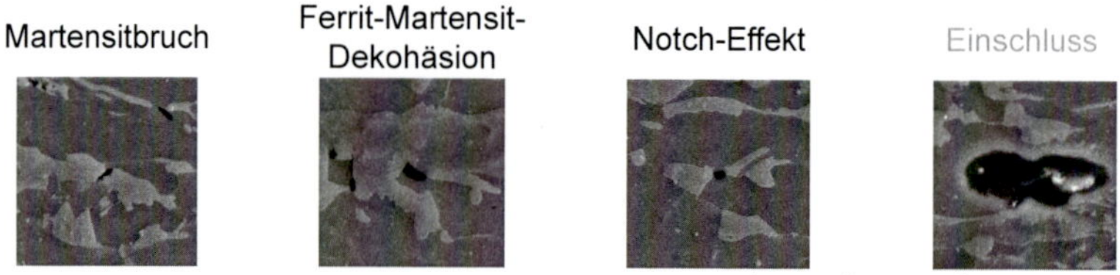

Porenflächenanteil $A_{\sum \mathrm{Pore}}$: $A_{\sum \mathrm{Pore}} = \dfrac{A_{\mathrm{MB}} + A_{\mathrm{FMD}} + A_{\mathrm{NE}}}{A_{\mathrm{Total}}}$

A_{MB}: Porenflächenanteil Martensitbruch, A_{FMD}: Porenflächenanteil Ferrit-Martensit-Dekohäsion, A_{NE}: Porenflächenanteil Notch-Effekt, A_{Total}: Gesamtfläche

Abbildung 5.7: Schädigungsmechanismen des neuronalen Netzwerks für die Bestimmung des Porenflächenanteils $A_{\sum \mathrm{Pore}}$

Damage mechanism of the neural network for void area fraction identification $A_{\sum Pore}$

Neben der Identifizierung der verschiedenen Schädigungsmechanismen führt der Algorithmus auch eine umfassende quantitative Analyse durch, indem der Anteil der Porenflächen, die durch die verschiedenen Schädigungsmechanismen verursacht wurden, berechnet und sowohl die Größe als auch die absolute Anzahl der entstandenen Poren ermittelt wird. Darüber hinaus werden Einschlüsse erkannt, die zwar in der Analyse berücksichtigt, jedoch nicht zum Porenflächenanteil gezählt werden. Für weiterführende Details in die Methodik und die zugrunde liegenden Algorithmen, die für diese Art der Analyse verwendet wurden, sei auf die Arbeiten von Kusche et al. [KUSC19] und Medghalchi et al. [MEDG20] verwiesen.

Einfluss der Prozessparameter auf den Schädigungszustand

Abbildung 5.8 zeigt die Quantifizierung der induzierten duktilen Schädigung bei Variation des Matrizenradius r_M nach dem Tiefziehen der rechteckigen Geometrie, wobei die Analyse am Referenzpunkt durchgeführt wurde. Die Ergebnisse zeigen, dass sich mit zunehmendem Matrizenradius r_M eine feinere Porengrößenverteilung einstellt. Weiterhin nimmt die absolute Anzahl an Poren $n_{\sum \mathrm{Pore}}$ mit steigendem Matrizenradius r_M ab. Gegenüber r_M = 3 mm sinkt die absolute Anzahl an Poren $n_{\sum \mathrm{Pore}}$ bei r_M = 6 mm um 19,60 % und bei r_M = 9 mm um 13,13 %. Eine analoge Entwicklung zeigt sich beim Porenflächenanteil $A_{\sum \mathrm{Pore}}$, der um 41,58 % für r_M = 6 mm bzw. 46,70 % für r_M = 9 mm verringert ist. Der ermittelte Porenflächenanteil $A_{\sum \mathrm{Pore}}$ im Referenzpunkt nimmt dementsprechend analog zum numerisch vorhergesagten Schädigungsparameter D mit steigendem Matrizenradius r_M ab. Damit werden die Ergebnisse der numerischen Prozessmodellierung qualitativ bestätigt, was die entsprechende Begründung für die numerischen Ergebnisse auf die experimentellen Ergebnisse übertragen lässt.

Die Analyse der Schädigungsmechanismen zeigt eine deutliche Abhängigkeit von der Porengröße. Bei einem Matrizenradius r_M von r_M = {3,6} mm werden Poren mit einer Porengröße A_Pore von A_Pore < 0,1 µm^2 primär durch den Notch-Effekt dominiert, während für A_Pore ≥ 0,1 µm^2 die Ferrit-Martensit-Dekohäsion überwiegt. Bei einem größeren Matrizenradius r_M von r_M = 9 mm verschiebt sich hingegen diese Grenze, sodass der Notch-Effekt bis zu einer Porengröße A_Pore von A_Pore < 0,2 µm^2 am stärksten präsent ist. Vor dem Hintergrund der höheren Biegebeanspruchung bei geringerem Matrizenradius r_M und der nachweislich höheren plastischen Vergleichsformänderung φ_pl im Referenzpunkt ist davon auszugehen, dass es früher zur Trennung der Ferrit-Martensit-Phasengrenzen kommt. Hierdurch sind Poren bei kleinerem Matrizenradius r_M bereits ab einer Porengröße A_Pore von A_Pore > 0,1 µm^2 auf Ferrit-Martensit-Dekohäsion zurückzuführen. Bei größerem Matrizenradius r_M ist die Biegebeanspruchung entsprechend reduziert, sodass der Notch-Effekt für leicht größere Poren bis A_Pore = 0,2 µm^2 dominant bleibt.

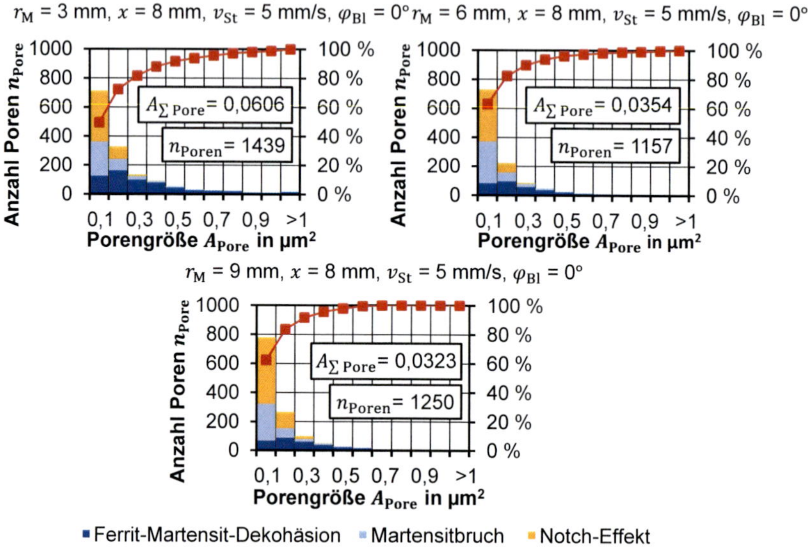

r_M: Matrizenradius, x: Stempelweg, v_{St}: Stempelgeschwindigkeit, φ_{Bl}: Walzrichtung des Blechzuschnitts relativ zu den Werkzeugelementen, n_{Poren}: absolute Anzahl an Poren, $A_{\sum Pore}$: Porenflächenanteil

Abbildung 5.8: Porengrößenverteilung bei Variation des Matrizenradius r_M nach dem Tiefziehen der rechteckigen Geometrie

Void size distribution with variation of the die radius r_M after deep drawing of the rectangular geometry

Der prozentuale Anteil der Schädigungsmechanismen an der Porenfläche und der Anzahl der Poren bei Variation des Matrizenradius r_M zeigt analog zur Porengrößenverteilung einen Zusammenhang zwischen Biegebeanspruchung und Schädigungsmechanismus, wie Abbildung 5.9 darstellt. Bei kleinerem Matrizenradius r_M von r_M = {3,6} mm entfällt der größte prozentuale Anteil der Schädigungsmechanismen der Porenfläche auf die Ferrit-Martensit-Dekohäsion, was auf die erhöhte plastische Dehnung durch die stärkere Biegebeanspruchung zurückzuführen ist. Mit zunehmendem Matrizenradius r_M von r_M = 9 mm nimmt dieser Anteil ab, während der Anteil des Notch-Effekts und des Martensitbruchs steigt. Dies bestätigt die Erkenntnisse von Kusche et al., dass der prozentuale Anteil der Ferrit-Martensit-Dekohäsion als Hauptschädigungsmechanismus mit steigender plastischer Dehnung zu nimmt, während der Anteil der Martensitbrüche abnimmt [KUSC19]. Bezüglich der prozentualen Anteile der Schädigungsmechanismen an der Anzahl der Poren zeigt sich in Abhängigkeit des Matrizenradius r_M ein ähnliches Bild.

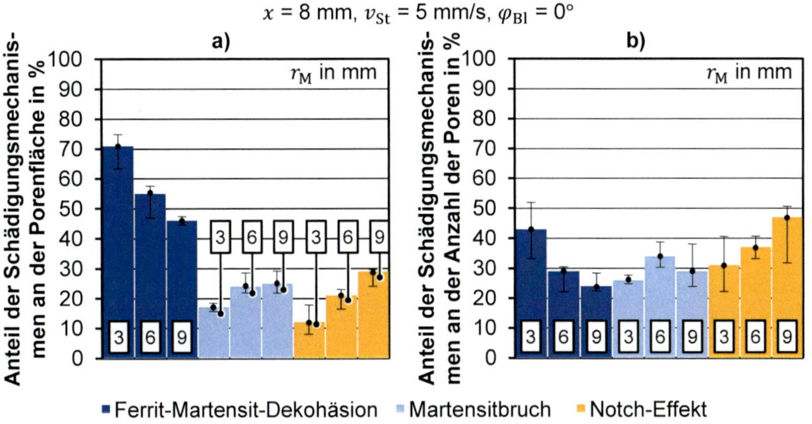

r_M: Matrizenradius, x: Stempelweg, v_{St}: Stempelgeschwindigkeit, φ_{Bl}: Walzrichtung des Blechzuschnitts relativ zu den Werkzeugelementen

Abbildung 5.9: Anteil der Schädigungsmechanismen an a) der Porenfläche und b) der Anzahl der Poren bei Variation des Matrizenradius r_M nach dem Tiefziehen der rechteckigen Geometrie

Ratio of the damage mechanisms of a) the void area and b) the number of voids with variation of the die radius r_M after deep drawing of the rectangular geometry

Die Quantifizierung der induzierten duktilen Schädigung bei Variation des Matrizenradius r_M nach dem Tiefziehen des U-Profils zeigt signifikante Unterschiede hinsichtlich der Porengrößenverteilung, der Anzahl an Poren $n_{\Sigma \mathrm{Pore}}$ und des Porenflächenanteils $A_{\Sigma \mathrm{Pore}}$, wie Abbildung 5.10 zu entnehmen ist. Während sich die Porengrößenverteilung für r_M = 6 mm im Vergleich zum Referenzprozess mit r_M = 3 mm kaum verändert und keine signifikanten Unterschiede hinsichtlich der Porengröße aufweist, zeigt sich beim Matrizenradius r_M von r_M = 9 mm eine Tendenz zu kleineren Poren. Gleichzeitig nimmt die absolute Anzahl an Poren $n_{\Sigma \mathrm{Pore}}$ mit steigendem Matrizenradius r_M zu. So ist die absolute Anzahl an Poren $n_{\Sigma \mathrm{Pore}}$ beim Matrizenradius r_M von r_M = 6 mm um 19,47 % höher als beim Referenzprozess mit r_M = 3 mm, während sie bei r_M = 9 mm sogar um 26,71 % ansteigt. Trotz dieser Zunahme sinkt der Porenflächenanteil $A_{\Sigma \mathrm{Pore}}$, was darauf hindeutet, dass größere Matrizenradien r_M mehr, jedoch kleinere Poren erzeugen, während kleinere Matrizenradien r_M zu weniger, jedoch größeren Poren führen. Konkret ist der Porenflächenanteil bei r_M = 6 mm um 1,22 % und bei r_M = 9 mm um 6,5 % geringer als beim Referenzprozess mit r_M = 3 mm, was qualitativ die Ergebnisse der numerischen Prozessmodellierung hinsichtlich des numerisch vorhergesagte Schädigungsparameters D bestätigt.

Auch bei den Schädigungsmechanismen ist eine deutliche Abhängigkeit von der Porengröße zu erkennen. Bei einem Matrizenradius r_M von r_M = 3 mm wird der Notch-Effekt hauptsächlich bei Poren mit einer Porengröße A_{Pore} von A_{Pore} < 0,2 µm^2

beobachtet, während größere Poren mehrheitlich durch Ferrit-Martensit-Dekohäsion entstehen. Mit zunehmendem Matrizenradius r_M verschiebt sich diese Grenze. Bei r_M = 6 mm dominiert der Notch-Effekt bis zu einer Porengröße A_Pore von A_Pore < 0,3 µm², während größere Poren hauptsächlich auf Martensitbruch zurückzuführen sind. Ein ähnlicher Trend zeigt sich bei r_M = 9 mm, wobei auch hier der Notch-Effekt bis zu einer Porengröße A_Pore von A_Pore < 0,3 µm² dominiert und darüber hinaus der Martensitbruch die Hauptursache der Schädigung darstellt.

Im direkten Vergleich zum Tiefziehen unter Variation des Matrizenradius r_M bei Verwendung der rechteckigen Geometrie zeigt das U-Profil demnach eine deutlich geringere absolute Anzahl an Poren $n_{\Sigma\,\mathrm{Pore}}$ sowie einen niedrigeren Porenflächenanteil $A_{\Sigma\,\mathrm{Pore}}$. Hierbei ist davon auszugehen, dass die geringere plastischer Vergleichsformänderung φ_pl des U-Profils gegenüber der rechteckigen Geometrie in Kombination mit den auftretenden Spannungszuständen im Referenzpunkt zu einer geringeren induzierten Schädigung führt. Zeitgleich ist auch die Anzahl der Ferrit-Martensit-Dekohäsion beim U-Profil gegenüber der rechteckigen Geometrie deutlich weniger vertreten, was erneut die Erkenntnisse von Kusche et al. widerspiegelt [KUSC19] und ebenfalls auf die auftretende plastische Vergleichsformänderung φ_pl zurückführen ist.

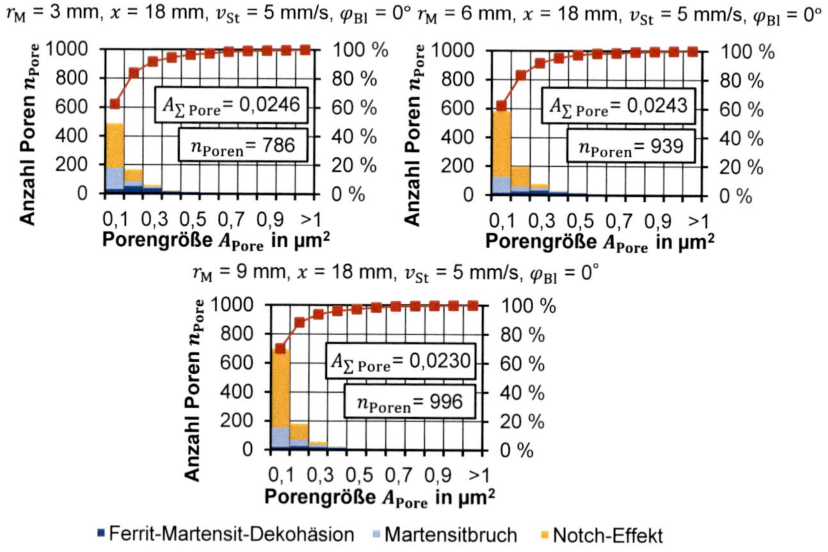

r_M: Matrizenradius, x: Stempelweg, v_St: Stempelgeschwindigkeit, φ_Bl: Walzrichtung des Blechzuschnitts relativ zu den Werkzeugelementen, n_Poren: absolute Anzahl an Poren, $A_{\Sigma\,\mathrm{Pore}}$: Porenflächenanteil

Abbildung 5.10: Porengrößenverteilung bei Variation des Matrizenradius r_M nach dem Tiefziehen des U-Profils

Void size distribution with variation of the die radius r_M after deep drawing of the U-Profile

Analog zu den Ergebnissen der rechteckigen Geometrie hinsichtlich des prozentualen Anteil der Schädigungsmechanismen an der Porenfläche und der Anzahl der Poren bei Variation des Matrizenradius r_{M} bestätigen auch die Ergebnisse des U-Profil die Erkenntnisse von Kusche et al. [KUSC19], wie Abbildung 5.11 zeigt. Beim Referenzprozess mit r_{M} = 3 mm dominiert die Ferrit-Martensit-Dekohäsion die Schädigung nach Porenfläche, während für r_{M} = 6 mm und r_{M} = 9 mm der Notch-Effekt überwiegt. Gleichzeitig nimmt der Anteil der Ferrit-Martensit-Dekohäsion mit steigendem Matrizenradius r_{M} ab, während der Anteil des Martensitbruchs und des Notch-Effekts zunimmt. Hinsichtlich der Schädigungsmechanismen nach Porenanzahl zeigt sich für r_{M} = 3 mm und r_{M} = 6 mm ebenfalls eine Dominanz des Notch-Effekts, wobei dessen Anteil mit wachsendem Matrizenradius r_{M} weiter steigt, während Ferrit-Martensit-Dekohäsion und Martensitbruch zurückgehen. Dieser Trend setzt sich bei r_{M} = 9 mm fort, wo sowohl der prozentuale Anteil der Schädigungsmechanismen an der Porenfläche als auch an der Anzahl der Poren überwiegend durch den Notch-Effekt bestimmt wird.

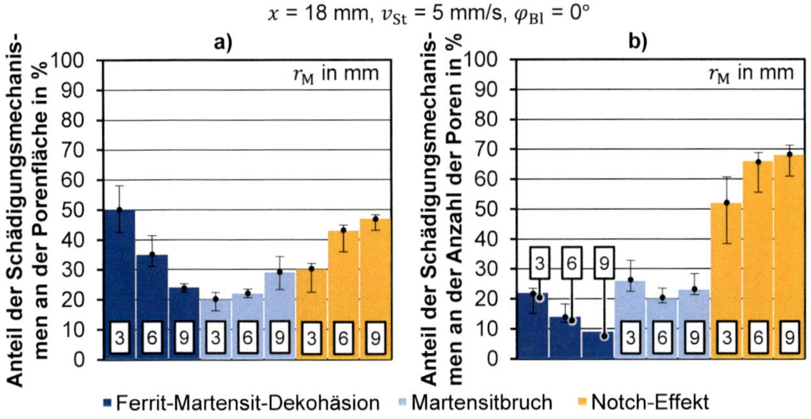

r_{M}: Matrizenradius, x: Stempelweg, v_{St}: Stempelgeschwindigkeit, φ_{Bl}: Walzrichtung des Blechzuschnitts relativ zu den Werkzeugelementen

Abbildung 5.11: Anteil der Schädigungsmechanismen an a) der Porenfläche und b) der Anzahl der Poren bei Variation des Matrizenradius r_{M} nach dem Tiefziehen des U-Profils

Ratio of the damage mechanisms of a) the void area and b) the number of voids with variation of the die radius r_M after deep drawing of the U-Profile

Wie auch die Variation des Matrizenradius r_{M}, beeinflusst die Variation der Walzrichtung φ_{Bl} die absolute Anzahl an Poren $n_{\sum \mathrm{Pore}}$ und des Porenflächenanteil $A_{\sum \mathrm{Pore}}$ nach dem Tiefziehen der rechteckigen Geometrie, wie Abbildung 5.12 zeigt. Während die absolute Anzahl an Poren $n_{\sum \mathrm{Pore}}$ bei einer Änderung der Walzrichtung φ_{Bl} von φ_{Bl} = 0° auf φ_{Bl} = 45° weitgehend konstant bleibt, zeigt sich eine Verschiebung der Porengrößenverteilung hin zu kleineren Poren. Dies geht mit einer Reduktion des Porenflächenanteil $A_{\sum \mathrm{Pore}}$ um 14,68 % einher. Eine weitere Erhöhung der

Walzrichtung φ_{Bl} auf φ_{Bl} = 90° führt hingegen zu einer signifikanten Abnahme der absoluten Anzahl an Poren $n_{\sum \mathrm{Pore}}$ um 21,47 %, während sich der Porenflächenanteil $A_{\sum \mathrm{Pore}}$ um 21,29 % reduziert.

Die Analyse der Schädigungsmechanismen zeigt, dass beim Referenzprozess mit φ_{Bl} = 0° Poren mit einer Porengröße A_{Pore} von A_{Pore} < 0,1 µm² überwiegend durch den Notch-Effekt entstehen, während ab einer Porengröße A_{Pore} von A_{Pore} ≥ 0,1 µm² die Ferrit-Martensit-Dekohäsion dominiert. Bei einer Walzrichtung φ_{Bl} von φ_{Bl} = 45° verschiebt sich diese Grenze. Hier sind Poren mit einer Porengröße A_{Pore} von A_{Pore} < 0,2 µm² hauptsächlich auf den Notch-Effekt zurückzuführen, während größere Poren überwiegend durch die Ferrit-Martensit-Dekohäsion entstehen. Wird die Walzrichtung φ_{Bl} auf φ_{Bl} = 90° erhöht, bleibt die Zuordnung der Schädigungsmechanismen zur Porengröße vergleichbar mit dem Referenzprozess von φ_{Bl} = 0°.

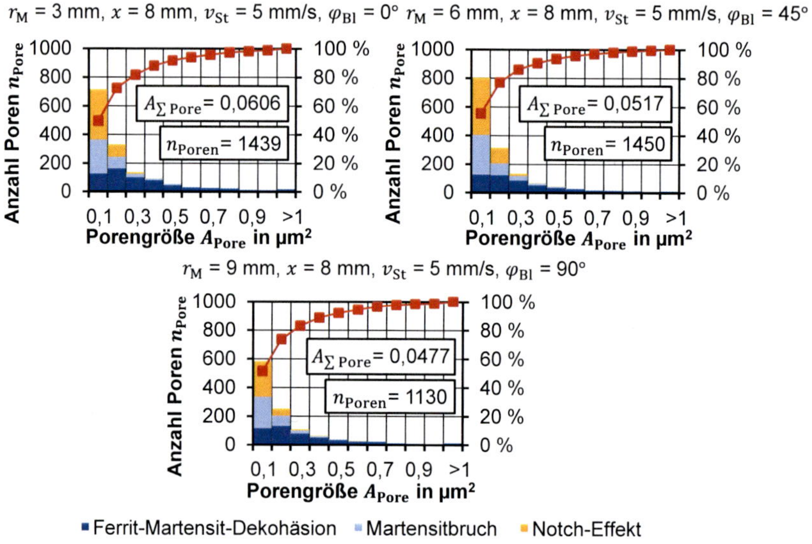

r_M: Matrizenradius, x: Stempelweg, v_{St}: Stempelgeschwindigkeit, φ_{Bl}: Walzrichtung des Blechzuschnitts relativ zu den Werkzeugelementen, n_{Poren}: absolute Anzahl an Poren, $A_{\sum \mathrm{Pore}}$: Porenflächenanteil

Abbildung 5.12: Porengrößenverteilung bei Variation der Walzrichtung φ_{Bl} des Blechzuschnitts relativ zu den Werkzeugelementen nach dem Tiefziehen der rechteckigen Geometrie

Void size distribution with variation of the alignment of the sheet metal blank φ_{Bl} taking into account the rolling direction relative to the tool elements after deep drawing of the rectangular geometry

Der prozentuale Anteil der Schädigungsmechanismen an der Porenfläche und der Anzahl der Poren verändert sich bei Variation der Walzrichtung φ_{Bl} ebenfalls, wie aus Abbildung 5.13 hervorgeht. Beim Referenzprozess mit φ_{Bl} = 0° dominiert die Ferrit-

Martensit-Dekohäsion. Mit Erhöhung der Walzrichtung φ_{Bl} auf φ_{Bl} = 45° nimmt ihr Anteil ab, während Martensitbruch und Notch-Effekt zunehmen. Die Betrachtung der Anzahl an Poren zeigt hingegen eine Verschiebung. Bei φ_{Bl} = 0° überwiegt die Ferrit-Martensit-Dekohäsion, wohingegen bei φ_{Bl} = 45° der Notch-Effekt am häufigsten auftritt, begleitet von einem steigenden Anteil an Martensitbruch. Bei einer Walzrichtung φ_{Bl} von φ_{Bl} = 90° zeigt sich erneut eine Dominanz der Ferrit-Martensit-Dekohäsion. Im Vergleich zu φ_{Bl} = 0° steigt der Anteil ebenso wie der des Martensitbruchs, während der Notch-Effekt zurückgeht.

Auf Basis der Erkenntnisse der durchgeführten Untersuchungen lassen sich gegenwärtig keine eindeutigen Ursachen für die beobachteten Unterschiede in der duktilen Schädigung in Abhängigkeit von der Walzrichtung φ_{Bl} etablieren. Als potenzieller Haupteinflussfaktor wird die martensitische Bandmorphologie im untersuchten DP800 vermutet. Zur Validierung dieser Hypothese sind weiterführende mikrostrukturelle Analysen erforderlich. Ergänzend sollte eine dezidierte Charakterisierung der richtungsabhängigen mechanischen Eigenschaften, mit besonderem Fokus auf anisotropes Verhalten und Verfestigungskinematik, durchgeführt werden. Dies würde eine fundierte Korrelation zwischen den mikrostrukturellen Charakteristika und den zugrundeliegenden Schädigungsmechanismen ermöglichen.

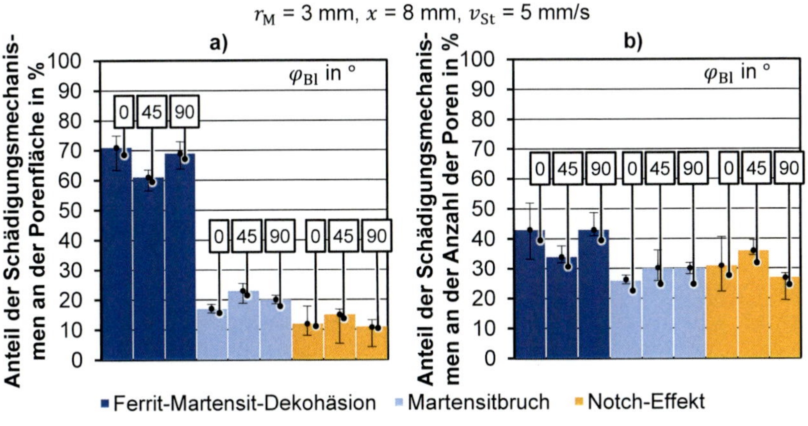

r_M: Matrizenradius, x: Stempelweg, v_{St}: Stempelgeschwindigkeit, φ_{Bl}: Walzrichtung des Blechzuschnitts relativ zu den Werkzeugelementen

Abbildung 5.13: Anteil der Schädigungsmechanismen an a) der Porenfläche und b) der Anzahl der Poren bei Variation der Walzrichtung φ_{Bl} des Blechzuschnitts relativ zu den Werkzeugelementen nach dem Tiefziehen der rechteckigen Geometrie

Ratio of the damage mechanisms of a) the void area and b) the number of voids with variation of the alignment of the sheet metal blank φ_{Bl} taking into account the rolling direction relative to the tool elements after deep drawing of the rectangular geometry

Analog zur rechteckigen Geometrie zeigt auch die Quantifizierung der induzierten duktilen Schädigung bei Variation der Walzrichtung φ_{Bl} des Blechzuschnitts des U-Profils Unterschiede in der absoluten Anzahl an Poren $n_{\Sigma\,\mathrm{Pore}}$ und des Porenflächenanteil $A_{\Sigma\,\mathrm{Pore}}$, dargestellt in Abbildung 5.14. Im Vergleich zum Referenzprozess mit einer Walzrichtung φ_{Bl} von φ_{Bl} = 0° ist die absolute Anzahl an Poren $n_{\Sigma\,\mathrm{Pore}}$ für φ_{Bl} = 45° um 29,90 % verringert, während die Porengrößenverteilung weitgehend unverändert bleibt. Gleichzeitig verringert sich der Porenflächenanteil $A_{\Sigma\,\mathrm{Pore}}$ um 32,93 %. Die Analyse der Porengrößenverteilung hinsichtlich der Schädigungsmechanismen zeigt, dass bei beiden Walzrichtungen φ_{Bl} von φ_{Bl} = {0,45}° Poren mit einer Porengröße A_{Pore} von A_{Pore} < 0,2 µm² überwiegend durch den Notch-Effekt entstehen. Größere Poren ab $A_{\mathrm{Pore}} \geq$ 0,2 µm² werden hauptsächlich durch die Ferrit-Martensit-Dekohäsion gebildet. Die Walzrichtung φ_{Bl} von φ_{Bl} = 90° konnte nicht untersucht werden, da die Blechwerkstücke versagten. Auch hier ist die martensitische Bandmorphologie im untersuchten DP800 als Ursache zu vermuten.

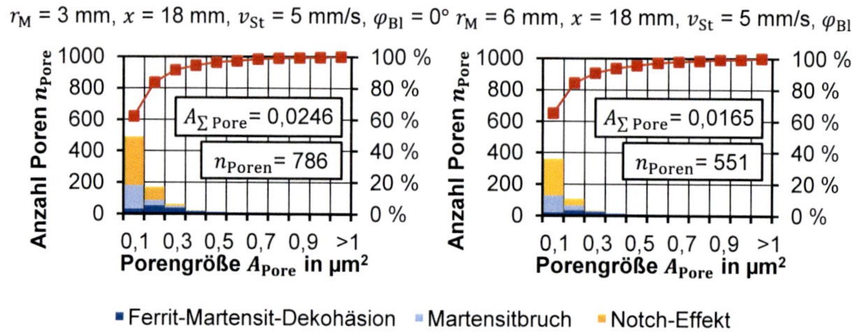

r_{M}: Matrizenradius, x: Stempelweg, v_{St}: Stempelgeschwindigkeit, φ_{Bl}: Walzrichtung des Blechzuschnitts relativ zu den Werkzeugelementen, n_{Poren}: absolute Anzahl an Poren, $A_{\Sigma\,\mathrm{Pore}}$: Porenflächenanteil

Abbildung 5.14: Porengrößenverteilung bei Variation der Walzrichtung φ_{Bl} des Blechzuschnitts relativ zu den Werkzeugelementen nach dem Tiefziehen des U-Profils

Void size distribution with variation of the alignment of the sheet metal blank φ_{Bl} taking into account the rolling direction relative to the tool elements after deep drawing of the U-Profile

Hinsichtlich des prozentualen Anteils der Schädigungsmechanismen an der Porenfläche und der Anzahl der Poren in Abhängigkeit von der Walzrichtung φ_{Bl} des Blechzuschnitts nach dem Tiefziehen des U-Profils zeigt Abbildung 5.15, dass sich unabhängig von der Walzrichtung φ_{Bl} der Großteil der Schädigungsmechanismen nach Porenfläche auf die Ferrit-Martensit-Dekohäsion verteilt. Mit zunehmender Walzrichtung φ_{Bl} bleibt der Anteil nahezu konstant, während der Martensitbruch zunimmt und der Notch-Effekt abnimmt. Betrachtet man die Anzahl der Poren, so dominiert bei beiden Walzrichtungen φ_{Bl} der Notch-Effekt. Die Entwicklung der Schädigungsmechanismen in Bezug auf die Porenfläche zeigt dabei ein ähnliches Muster wie bei der Anzahl der Poren.

Für das U-Profil zeigt sich entsprechend, ähnlich wie bei der rechteckigen Geometrie, dass die Ergebnisse der durchgeführten Untersuchungen derzeit keine eindeutigen Ursachen für die beobachteten Unterschiede in der duktilen Schädigung in Abhängigkeit von der Walzrichtung φ_{Bl} erkennen lassen. Als möglicher Haupteinflussfaktor wird auch hier die Bandstruktur des Martensits im untersuchten DP800 vermutet. Zur Bestätigung dieser Annahme sind ebenfalls weitere mikrostrukturelle Untersuchungen unter Berücksichtigung der auftretenden Lastpfade im U-Profil sowie eine detaillierte Analyse der richtungsabhängigen mechanischen Eigenschaften notwendig. Dies würde ein besseres Verständnis der Zusammenhänge zwischen der Mikrostruktur und den Schädigungsmechanismen ermöglichen.

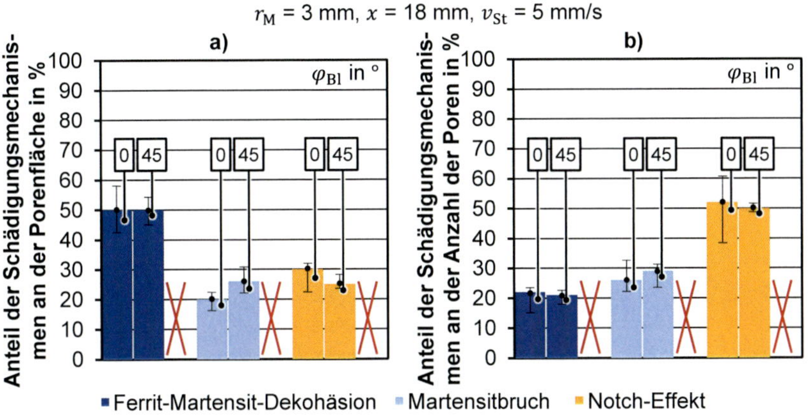

r_M: Matrizenradius, x: Stempelweg, v_{St}: Stempelgeschwindigkeit, φ_{Bl}: Walzrichtung des Blechzuschnitts relativ zu den Werkzeugelementen

Abbildung 5.15: Anteil der Schädigungsmechanismen an a) der Porenfläche und b) der Anzahl der Poren bei Variation der Walzrichtung φ_{Bl} des Blechzuschnitts relativ zu den Werkzeugelementen nach dem Tiefziehen des U-Profils

Ratio of the damage mechanisms of a) the void area and b) the number of voids with variation of the alignment of the sheet metal blank φ_{Bl} taking into account the rolling direction relative to the tool elements after deep drawing of the U-Profile

Für die Quantifizierung der induzierten duktilen Schädigung bei Variation der Stempelgeschwindigkeit v_{St} nach dem Tiefziehen der rechteckigen Geometrie zeigt Abbildung 5.16, dass im Vergleich zum Referenzprozess mit einer Stempelgeschwindigkeit v_{St} von v_{St} = 5 mm/s die Stempelgeschwindigkeit v_{St} von v_{St} = 50 mm/s keinen signifikanten Unterschied hinsichtlich der Porengrößenverteilung aufweist. Allerdings nimmt die absolute Anzahl an Poren $n_{\sum \mathrm{Pore}}$ um 9,94 % ab, während der Porenflächenanteil $A_{\sum \mathrm{Pore}}$ um 16,50 % verringert ist. Die Analyse der Porengrößenverteilung hinsichtlich der Schädigungsmechanismen weist nach, dass bei beiden Stempelgeschwindigkeiten v_{St} Poren mit einer Porengröße A_{Pore} von $A_{\mathrm{Pore}} < 0{,}1\ \mu m^2$ durch den Notch-

Effekt dominiert werden, während bei größeren Poren mit einer Porengröße A_{Pore} von $A_{Pore} \geq 0{,}1\ \mu m^2$ die Ferrit-Martensit-Dekohäsion am häufigsten vertreten ist.

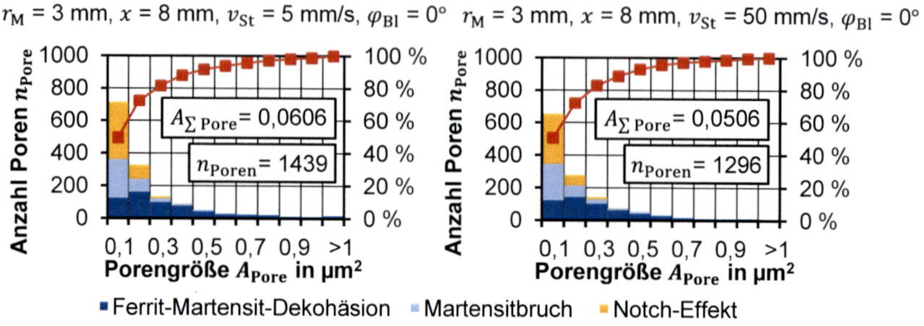

r_M: Matrizenradius, x: Stempelweg, v_{St}: Stempelgeschwindigkeit, φ_{Bl}: Walzrichtung des Blechzuschnitts relativ zu den Werkzeugelementen, n_{Poren}: absolute Anzahl an Poren, $A_{\Sigma\,Pore}$: Porenflächenanteil

Abbildung 5.16: Porengrößenverteilung bei Variation der Stempelgeschwindigkeit v_{St} nach dem Tiefziehen der rechteckigen Geometrie

Void size distribution with variation of the punch velocity v_{St} after deep drawing of the rectangular geometry

Der prozentuale Anteil der Schädigungsmechanismen an der Porenfläche und der Anzahl der Poren bei Variation der Stempelgeschwindigkeit v_{St} in Abbildung 5.17 weist darauf hin, dass für beide Stempelgeschwindigkeit v_{St} jeweils die Ferrit-Martensit-Dekohäsion dominiert. Dabei nimmt sowohl für den prozentualen Anteil der Schädigungsmechanismen an der Porenfläche und der Anzahl der Poren die Ferrit-Martensit-Dekohäsion und der Notch-Effekt mit steigender Stempelgeschwindigkeit v_{St} ab. Hingegen steigt der prozentuale Anteil des Martensitbruchs.

Eine mögliche Erklärung für die aufgezeigten Unterschiede könnte in der Wechselwirkung zwischen der Stempelgeschwindigkeit v_{St} und der lokalen Spannungs-Dehnungs-Entwicklung während des Tiefziehprozesses liegen. Der steigende prozentuale Anteil der Martensitbrüche an der Porenfläche weist dabei aufgrund des gleichzeitig abnehmenden prozentualen Anteils der Ferrit-Martensit-Dekohäsion auf eine geringere plastische Dehnung im Referenzpunkt mit steigender Stempelgeschwindigkeit v_{St} hin, wenn man die Erkenntnisse von Kusche et al. erneut zugrunde legt [KUSC19]. Da das verwendete Schädigungsmodell jedoch keine Dehnratenabhängigkeit aufweist, gilt es für weiterführende Untersuchungen die Modellierung durch Integration geschwindigkeitsabhängiger Terme zu erweitern, um die beobachteten Effekte präziser abbilden und hinreichend genau erklären zu können.

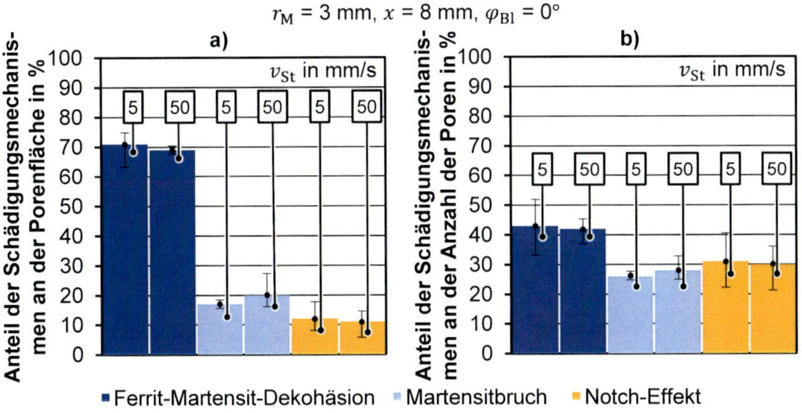

r_M: Matrizenradius, x: Stempelweg, v_{St}: Stempelgeschwindigkeit, φ_{Bl}: Walzrichtung des Blechzuschnitts relativ zu den Werkzeugelementen

Abbildung 5.17: Anteil der Schädigungsmechanismen an a) der Porenfläche und b) der Anzahl der Poren bei Variation der Stempelgeschwindigkeit v_{St} nach dem Tiefziehen der rechteckigen Geometrie

Ratio of the damage mechanisms of a) the void area and b) the number of voids with variation of the punch velocity v_{St} after deep drawing of the rectangular geometry

Im Gegensatz zur rechteckigen Geometrie zeigt das U-Profil bei höherer Stempelgeschwindigkeit v_{St} eine niedrigere absolute Anzahl an Poren $n_{\sum Pore}$ sowie einen kleineren Porenflächenanteil $A_{\sum Pore}$ auf, wie Abbildung 5.18 zeigt. Dabei sinkt die absolute Anzahl an Poren $n_{\sum Pore}$ um 11,83 %, während sich der Porenflächenanteil $A_{\sum Pore}$ um 11,51 % verringert.

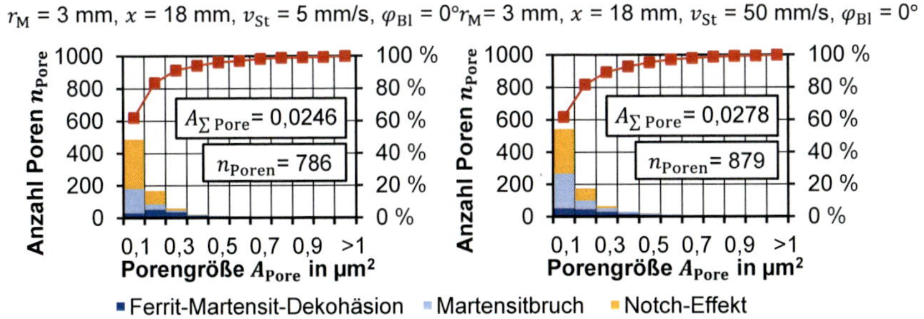

r_M: Matrizenradius, x: Stempelweg, v_{St}: Stempelgeschwindigkeit, φ_{Bl}: Walzrichtung des Blechzuschnitts relativ zu den Werkzeugelementen, n_{Poren}: absolute Anzahl an Poren, $A_{\sum Pore}$: Porenflächenanteil

Abbildung 5.18: Porengrößenverteilung bei Variation der Stempelgeschwindigkeit v_{St} nach dem Tiefziehen des U-Profils

Void size distribution with variation of the punch velocity v_{St} after deep drawing of the U-Profile

Die Porengrößenverteilung ist bei beiden Stempelgeschwindigkeiten v_{St} annähernd konstant und zeigt keine signifikanten Unterschiede auf. Die Porengrößenverteilung hinsichtlich der Schädigungsmechanismen wird bei beiden Stempelgeschwindigkeit v_{St} bei Poren mit einer Porengröße A_{Pore} von A_{Pore} < 0,2 µm² vom Notch-Effekt dominiert. Poren mit einer Porengröße A_{Pore} von A_{Pore} > 0,2 µm² sind hingegen am häufigsten auf die Ferrit-Martensit-Dekohäsion zurückzuführen.

Der prozentuale Anteil der Schädigungsmechanismen an der Porenfläche und an der Anzahl der Poren am Referenzpunkt des U-Profils bei Variation der Stempelgeschwindigkeit v_{St} zeigt eine analoge Tendenz zur rechteckigen Geometrie. Auch hier ist zu vermuten, dass die plastische Dehnung mit steigender Stempelgeschwindigkeit v_{St} aufgrund des niedrigeren prozentualen Anteils der Martensitbrüche an der Porenfläche sinkt. Dies gilt es durch weiterführende Untersuchungen mit einem dehnratenabhängigen Schädigungsmodell nachzuweisen.

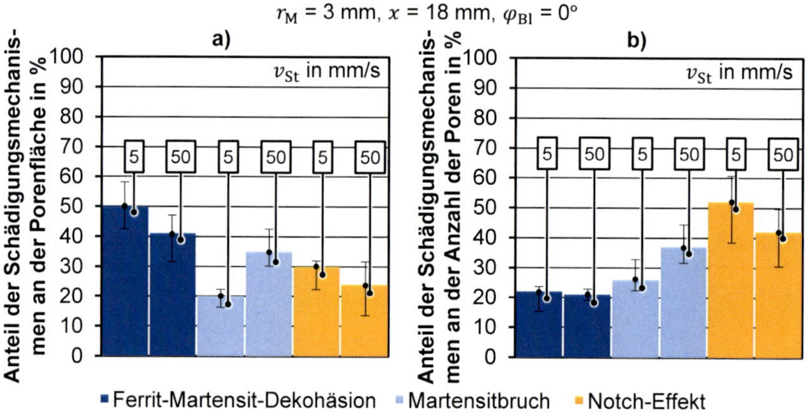

r_M: Matrizenradius, x: Stempelweg, v_{St}: Stempelgeschwindigkeit, φ_{Bl}: Walzrichtung des Blechzuschnitts relativ zu den Werkzeugelementen

Abbildung 5.19: Anteil der Schädigungsmechanismen an a) der Porenfläche und b) der Anzahl der Poren bei Variation der Stempelgeschwindigkeit v_{St} nach dem Tiefziehen des U-Profils

Ratio of the damage mechanisms of a) the void area and b) the number of voids with variation of the punch velocity v_{St} after deep drawing of the U-Profile

Für die Variation der Reibung in Abbildung 5.20 weist die Quantifizierung der induzierten duktilen Schädigung nach dem Tiefziehen der rechteckigen Geometrie am Referenzpunkt eine Tendenz zu kleineren Poren auf, wobei die absolute Anzahl an Poren $n_{\sum Pore}$ annähernd gleich bleibt. Der Porenflächenanteil $A_{\sum Pore}$ verringert sich durch die Variation der Reibung um 18,48 %, was die Ergebnisse der numerischen Prozessmodellierung qualitativ hinsichtlich des numerisch vorhergesagten Schädigungsparameters D bestätigt. Unabhängig von den vorherrschenden Reibverhältnissen sind Poren mit einer Porengröße A_{Pore} von A_{Pore} < 0,1 µm² insbesondere auf den

Notch-Effekt zurückzuführen, während größere Poren über einer Porengröße A_{Pore} von A_{Pore} > 0,1 µm² am häufigsten auf die Ferrit-Martensit-Dekohäsion zurückzuführen sind.

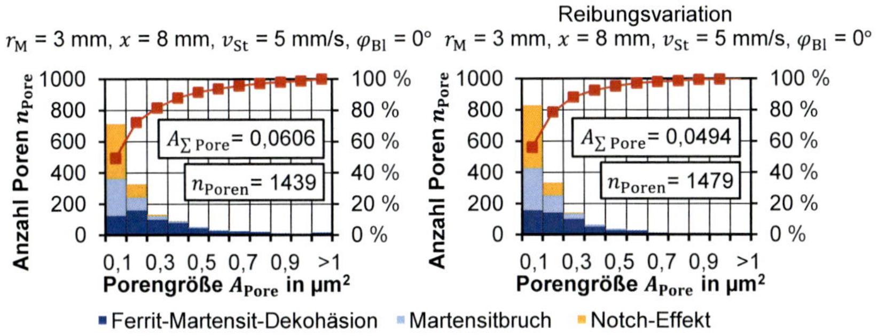

r_M: Matrizenradius, x: Stempelweg, v_{St}: Stempelgeschwindigkeit, φ_{Bl}: Walzrichtung des Blechzuschnitts relativ zu den Werkzeugelementen, n_{Poren}: absolute Anzahl an Poren, $A_{\sum Pore}$: Porenflächenanteil

Abbildung 5.20: Porengrößenverteilung bei Variation der Reibung nach dem Tiefziehen der rechteckigen Geometrie

Void size distribution with variation of the friction after deep drawing of the rectangular geometry

Abbildung 5.21 bestätigt erneut die Erkenntnisse von Kusche et al. [KUSC19]. Zu erkennen ist, dass für die Variation der Reibung, die eine geringere plastische Vergleichsformänderung φ_{pl} im Referenzpunkt aufwies, im Vergleich zum Referenzprozess der Anteil der Ferrit-Martensit-Dekohäsion an der Porenfläche und der Anzahl der Poren abnimmt. Gleichzeitig steigt dabei der Anteil des Martensitbruchs an der Porenfläche und der Anzahl der Poren, während sich der Anteil des Notch-Effekts an der Porenfläche reduziert, jedoch an der Anzahl an Poren erhöht.

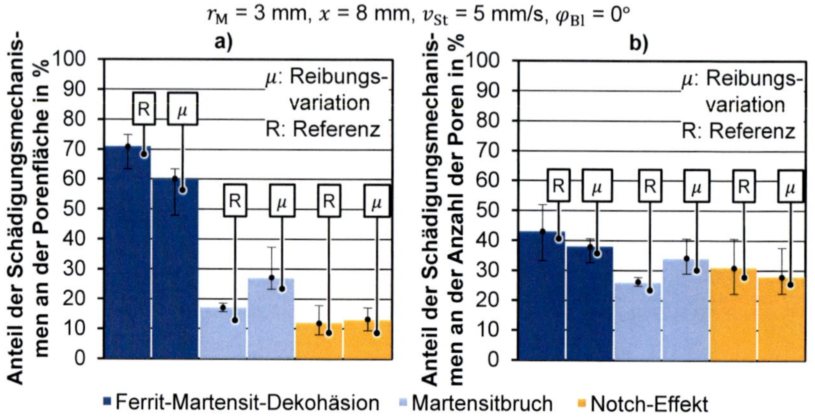

r_M: Matrizenradius, x: Stempelweg, v_{St}: Stempelgeschwindigkeit, φ_{Bl}: Walzrichtung des Blechzuschnitts relativ zu den Werkzeugelementen

Abbildung 5.21: Anteil der Schädigungsmechanismen an a) der Porenfläche und b) der Anzahl der Poren bei Variation der Reibung nach dem Tiefziehen der rechteckigen Geometrie

Ratio of the damage mechanisms of a) the void area and b) the number of voids with variation of the friction after deep drawing of the rectangular geometry

Einfluss der Prozessführung auf den Schädigungszustand

Bei Variation der Prozessführung zeigt sich hinsichtlich der Quantifizierung der induzierten duktilen Schädigung für die rechteckige Geometrie, dass die Porengrößenverteilung des Stülpziehen und des Weiterziehens keine signifikanten Abweichungen zum Referenzprozess des Tiefziehens aufweist, wie Abbildung 5.22 darstellt. Die Anzahl an Poren $n_{\sum \mathrm{Pore}}$ steigt beim Stülpziehen um 3,01 % und beim Weiterziehen um 9,00 % im Vergleich zum Tiefziehen. Während der Porenflächenanteil $A_{\sum \mathrm{Pore}}$ beim Stülpziehen nahezu unverändert bleibt, zeigt sich beim Weiterziehen ein um 3,64 % verringerter Wert, was die Tendenz der numerischen Prozessmodellierung qualitativ hinsichtlich des numerisch vorhergesagten Schädigungsparameter D untermauert. Bei allen drei Prozessführungen entstehen kleine Poren mit einer Porengröße A_{Pore} von A_{Pore} < 0,1 µm² überwiegend durch Martensitbruch. Größere Poren mit einer Porengröße A_{Pore} von $A_{\mathrm{Pore}} \geq 0{,}1$ µm² hingegen sind hauptsächlich auf Ferrit-Martensit-Dekohäsion zurückzuführen.

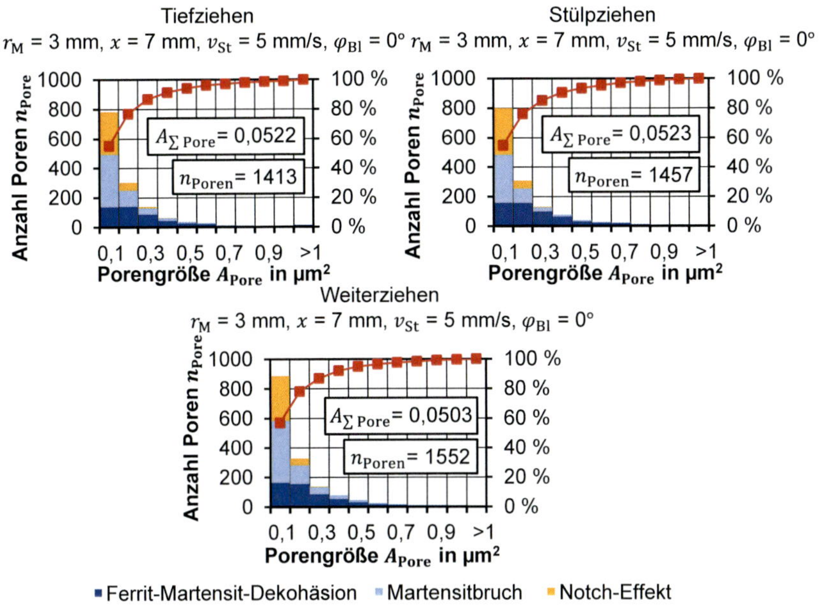

r_M: Matrizenradius, x: Stempelweg, v_{St}: Stempelgeschwindigkeit, φ_{Bl}: Walzrichtung des Blechzuschnitts relativ zu den Werkzeugelementen, n_{Poren}: absolute Anzahl an Poren, $A_{\sum Pore}$: Porenflächenanteil

Abbildung 5.22: Porengrößenverteilung bei Variation der Prozessführung der rechteckigen Geometrie

Void size distribution with variation of the process setup of the rectangular geometry

Der prozentuale Anteil der Schädigungsmechanismen, sowohl an der Porenfläche als auch an der Anzahl der Poren, zeigt bei Variation der Prozessführung in Abbildung 5.23 für die rechteckigen Geometrie einige Unterschiede auf. Sowohl beim Tiefziehen als auch beim Stülpziehen entfällt der größte Anteil der Schädigungsmechanismen bezogen auf die Porenfläche auf die Ferrit-Martensit-Dekohäsion. Beim Stülpziehen steigt dieser Anteil im Vergleich zum Tiefziehen an, während der Anteil des Martensitbruchs sinkt und der Notch-Effekt nahezu unverändert bleibt. Bezüglich der prozentualen Anteile der Schädigungsmechanismen an der Anzahl der Poren zeigt sich für den Referenzprozess des Tiefziehens und für das Stülpziehen die Ferrit-Martensit-Dekohäsion als dominierend. Die Anzahl an Poren, die auf die Ferrit-Martensit-Dekohäsion und den Martensitbruch zurückzuführen sind, sinkt dabei beim Stülpziehen im Vergleich zum Referenzprozess des Tiefziehens bei einer steigenden Anzahl des Notch-Effekts. Beim Weiterziehen wird der prozentuale Anteil des Schädigungsmechanismen an der Porenfläche, analog zum Referenzprozess des Tiefziehens und Stülpziehen, von der Ferrit-Martensit-Dekohäsion dominiert. Die Porenfläche verursacht durch die Ferrit-Martensit-Dekohäsion und den Notch-Effekt nimmt dabei beim

Weiterziehen im Vergleich zum Referenzprozess des Tiefziehens ab, wobei die Porenfläche, die auf den Martensitbruch zurückzuführen ist, zunimmt. Der prozentuale Anteil der Schädigungsmechanismen an der Anzahl der Poren wird beim Weiterziehen durch den Martensitbruch dominiert. Dabei sinkt die Anzahl der Poren der Ferrit-Martensit-Dekohäsion beim Weiterziehen verglichen mit dem Referenzprozess des Tiefziehens, während die Anzahl an Martensitbrüchen und des Notch-Effekts zurückgehen. Auf Basis der Lastpfade bestätigen die Ergebnisse somit erneut die Erkenntnisse von Kusche et al., wonach der prozentuale Anteil der Ferrit-Martensit-Dekohäsion als dominierender Schädigungsmechanismus mit zunehmender plastischer Dehnung steigt, während der Anteil der Martensitbrüche sinkt [KUSC19].

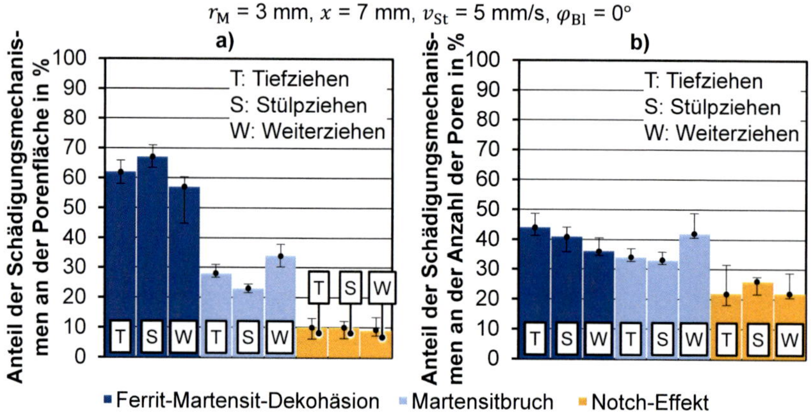

r_M: Matrizenradius, x: Stempelweg, v_{St}: Stempelgeschwindigkeit, φ_{Bl}: Walzrichtung des Blechzuschnitts relativ zu den Werkzeugelementen

Abbildung 5.23: Anteil der Schädigungsmechanismen an a) der Porenfläche und b) der Anzahl der Poren bei Variation der Prozessführung der rechteckigen Geometrie

Ratio of the damage mechanisms of a) the void area and b) the number of voids with variation of the process setup of the rectangular geometry

Für das U-Profil zeigt die Quantifizierung der induzierten duktilen Schädigung bei Variation der Prozessführung für das U-Profil in Abbildung 5.24, dass sich das Stülpziehen hinsichtlich der Porengrößenverteilung vom Referenzprozess des Tiefziehens unterscheidet und insgesamt kleinere Poren aufweist, während das Weiterziehen eine ähnliche Porengrößenverteilung wie das Tiefziehen besitzt. Die absolute Anzahl an Poren $n_{\sum \mathrm{Pore}}$ ist beim Stülpziehen um 6 % höher als beim Tiefziehen, während der Wert beim Weiterziehen um 20,04 % geringer ausfällt. Der Porenflächenanteil $A_{\sum \mathrm{Pore}}$ ist sowohl beim Stülpziehen als auch beim Weiterziehen reduziert, wobei die Abnahme mit 6 % beim Stülpziehen moderater ausfällt als mit 19,50 % beim Weiterziehen und die Ergebnisse hinsichtlich des numerisch vorhergesagten Schädigungsparameter D bestätigt. Betrachtet man die Schädigungsmechanismen in Abhängigkeit von der

Porengröße, so zeigt sich, dass beim Tiefziehen Poren mit einer mit einer Porengröße A_{Pore} von A_{Pore} < 0,2 µm² hauptsächlich durch den Notch-Effekt entstehen, während größere Poren überwiegend auf die Ferrit-Martensit-Dekohäsion zurückzuführen sind. Beim Stülpziehen dominiert ebenfalls der Notch-Effekt bei kleinen Poren mit einer Porengröße A_{Pore} von A_{Pore} < 0,2 µm², allerdings werden größere Poren vorrangig durch Martensitbruch verursacht. Im Gegensatz dazu zeigt sich beim Weiterziehen, dass der Martensitbruch über alle Porengrößenklassen hinweg der häufigste Schädigungsmechanismus ist.

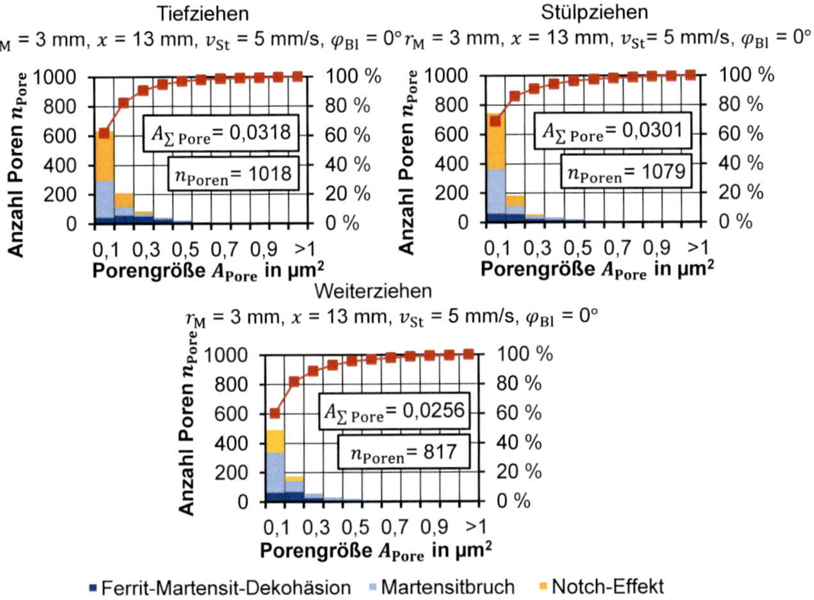

r_M: Matrizenradius, x: Stempelweg, v_{St}: Stempelgeschwindigkeit, φ_{Bl}: Walzrichtung des Blechzuschnitts relativ zu den Werkzeugelementen, n_{Poren}: absolute Anzahl an Poren, $A_{\Sigma\,\mathrm{Pore}}$: Porenflächenanteil

Abbildung 5.24: Porengrößenverteilung bei Variation der Prozessführung des U-Profils

Void size distribution with variation of the process setup of the U-Profile

Für die Variation der Prozessführung beim U-Profil in Abbildung 5.25 ist erkennbar, dass beim Tiefziehen der größte prozentuale Anteil der Schädigungsmechanismen an der Porenfläche auf die Ferrit-Martensit-Dekohäsion zurückzuführen ist. Beim Stülpziehen hingegen dominiert der Martensitbruch. Im Vergleich zum Tiefziehen nimmt der Anteil der Ferrit-Martensit-Dekohäsion und des Notch-Effekts beim Stülpziehen ab, während der Anteil des Martensitbruchs zunimmt.

Die prozentualen Anteile der Schädigungsmechanismen an der Anzahl der Poren zeigen sowohl für das Tiefziehen als für das Stülpziehen, dass der Notch-Effekt dominiert. Allerdings nimmt die Anzahl der Poren, die auf die Ferrit-Martensit-Dekohäsion und den Notch-Effekt zurückzuführen sind, beim Stülpziehen im Vergleich zum Tiefziehen ab, während der Anteil der durch Martensitbruch verursachten Poren steigt. Beim Weiterziehen wird die Schädigung an der Porenfläche überwiegend durch den Martensitbruch bestimmt. Im Vergleich zum Tiefziehen nimmt die durch die Ferrit-Martensit-Dekohäsion und den Notch-Effekt verursachte Porenfläche ab, während der Anteil des Martensitbruchs zunimmt. Bezüglich des prozentualen Anteils der Schädigungsmechanismen an der Anzahl der Poren zeigt sich beim Weiterziehen ebenfalls der Martensitbruch als dominierender Mechanismus. Während die Anzahl der Poren, die durch Ferrit-Martensit-Dekohäsion und Martensitbruch entstehen, im Vergleich zum Tiefziehen steigt, nimmt die Anzahl der Poren, die dem Notch-Effekt zugeordnet werden, ab.

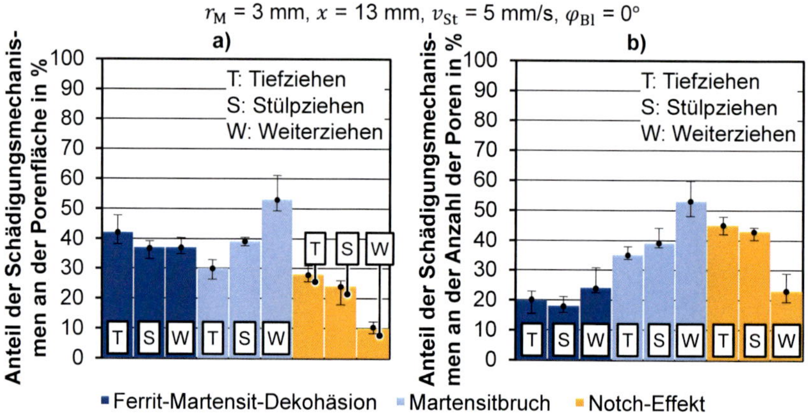

r_M: Matrizenradius, x: Stempelweg, v_{St}: Stempelgeschwindigkeit, φ_{Bl}: Walzrichtung des Blechzuschnitts relativ zu den Werkzeugelementen

Abbildung 5.25: Anteil der Schädigungsmechanismen an a) der Porenfläche und b) der Anzahl der Poren bei Variation der Prozessführung des U-Profils

Ratio of the damage mechanisms of a) the void area and b) the number of voids with variation of the process setup of the U-Profile

5.3 Fazit zu den Lastpfaden

Conclusion of load paths

Die in das Blechwerkstück induzierte duktile Schädigung stellt sowohl eine große Herausforderung für die Fertigung als auch ein enormes Potenzial für eine verbesserte Leichtbauweise dar. Um Werkstoffeinsparungen zu ermöglichen, ist ein Verständnis der duktilen Schädigung entscheidend. Mithilfe der numerischen Prozessmodellierung sowie experimenteller Untersuchungen wurde im vorangegangenen Kapitel die in das Blechwerkstück induzierte duktile Schädigung untersucht. Hierzu wurden ausgewählte Prozesseinflussgrößen variiert, um den Einfluss auf die induzierte duktile Schädigung sowohl qualitativ als auch quantitativ zu analysieren.

Gezeigt wurde, dass eine **Variation des Matrizenradius r_M** die Schädigungsverteilung entlang der Auswerteebene hinsichtlich der Charakteristika, insbesondere des numerisch vorhergesagten Schädigungsmaximums D_{max}, beeinflusst. Bei einem asymmetrischen Werkstofffluss, der bei der rechteckigen Geometrie vorliegt, verschiebt sich das numerisch vorhergesagte Schädigungsmaximums D_{max} mit kleinerem Matrizenradius r_M hin zur Wand. Dies ist dadurch begründet, dass sich der Stempelradius r_{St} aufgrund des begrenzten maximal möglichen Stempelwegs x auf dem Blechwerkstück noch nicht vollständig abgebildet hat. Bei dem symmetrischen Werkstofffluss des U-Profils verschiebt sich das numerisch vorhergesagte Schädigungsmaximum D_{max} mit steigendem Matrizenradius r_M hingegen von der Wand in den Radius im Bereich des Übergangs von Boden zu Wand. Dies scheint dadurch begründet, dass sich der Werkstoff zu Beginn des Tiefziehens gemäß Abbildung 2.1 ausdünnt und bei größerem Matrizenradius r_M die Blechausdünnung am Stempelradius r_{St} begünstigt, während bei kleinerem Matrizenradius r_M die Blechausdünnung am Matrizenradius r_M gefördert wird. Da duktile Schädigung bei ähnlichem Spannungszustand immer direkt mit der plastischen Vergleichsformänderung φ_{pl} gekoppelt ist, führt dies zu einer entsprechend veränderten induzierten duktilen Schädigung im Blechwerkstück in diesem Bereich. Der numerisch vorhergesagte Schädigungsparameter D im Referenzpunkt sinkt analog zur in das Blechwerkstück eingebrachten gesamten duktilen Schädigung als Integral des Schädigungsparameters $\int D\,ds$ mit steigendem Matrizenradius r_M. Begründet werden kann dies dadurch, dass die Variation des Matrizenradius r_M die erforderliche Flanscheinzugskraft verändert, was sich ebenfalls in der benötigten Umformarbeit W widerspiegelt. Andererseits wird mit kleinerem Matrizenradius r_M auch der Radius, um den der Werkstoff gebogen wird, und damit die plastische Vergleichsformänderungen φ_{pl}, die die spätere Wand des Blechwerkstücks erfährt, größer. Entsprechend ändert sich die in das Blechwerkstück induzierte duktile Schädigung. Der ermittelte Porenflächenanteil $A_{\sum Pore}$ im Referenzpunkt sinkt analog zum numerisch vorhergesagten Schädigungsparameter D im Referenzpunkt und bestätigt somit qualitativ die Ergebnisse der numerischen Prozessmodellierung. Die Porengrößenverteilung zeigt dabei eine Tendenz hin zu kleineren Poren mit größer werdendem Matrizenradius r_M. Weiterhin bestätigen die Ergebnisse hinsichtlich des prozentualen Anteils der Schädigungsmechanismen nach Porenfläche die Erkenntnisse von Kusche et al., dass der prozentuale Anteil der Ferrit-Martensit-Dekohäsion als Hauptschädigungsmechanismus mit steigender plastischer Vergleichsformänderung φ_{pl} zu nimmt, während der Anteil der Martensitbrüche abnimmt [KUSC19]. Konträr dazu steigt der prozentuale Anteil der Schädigungsmechanismen nach Porenfläche und Anzahl der Poren des Notch-Effektes mit steigendem Matrizenradius r_M. Beide Trends zeigen sich auch bei direktem Vergleich der beiden Geometrien, unabhängig davon, welche Prozesseinflussgröße variiert wird.

Im Gegensatz zur Variation des Matrizenradius r_M beeinflusst die **Variation der Walzrichtung φ_{Bl}** den Porenflächenanteil $A_{\sum Pore}$, wobei die plastische Vergleichsformänderungen φ_{pl} nicht bewertet werden kann. So führt eine größere Walzrichtung φ_{Bl}

unabhängig von der Geometrie zu einem kleineren Porenflächenanteil $A_{\sum \mathrm{Pore}}$. Der überwiegende prozentuale Anteil der Schädigungsmechanismen nach Porenfläche weist dabei für eine Walzrichtung φ_{Bl} von φ_{Bl} = 45° für beide Geometrien einen Anstieg des Anteils an Martensitbruch bei Abfall des Anteils der Ferrit-Martensit-Dekohäsion im Vergleich zum Referenzprozess mit einer Walzrichtung φ_{Bl} von φ_{Bl} = 0° auf. Für eine Walzrichtung φ_{Bl} von φ_{Bl} = 90° hingegen ist der prozentuale Anteil der Schädigungsmechanismen nach Porenfläche und Anzahl bei der rechteckigen Geometrie im Vergleich zum Referenzprozess mit einer Walzrichtung φ_{Bl} von φ_{Bl} = 0° annähernd gleich, während die U-Profile mit einer Walzrichtung φ_{Bl} von φ_{Bl} = 90° versagten. Auf Basis dieser Erkenntnisse ist keine eindeutige Begründung für die Veränderung des Porenflächenanteil $A_{\sum \mathrm{Pore}}$ bei Variation der Walzrichtung φ_{Bl} des Blechzuschnitts relativ zu den Werkzeugelementen abzuleiten. Eine mögliche Erklärung könnte jedoch in der Orientierung der martensitischen Bänder des DP800 liegen. Dies gilt es in fortführenden Untersuchungen zu analysieren. Ein Ansatz könnte hierbei die Bewertung der richtungsabhängigen Duktilität und Umformbarkeit sein, um den Einfluss der Walzrichtung φ_{Bl} des Blechzuschnitts relativ zu den Werkzeugelementen für das Tiefziehen nicht nur hinsichtlich der auftretenden duktilen Schädigung, sondern auch des Versagens zu bestimmen. Weiterhin gilt es, auf mikroskopischer Ebene die zugrundeliegenden Schädigungsmechanismen und den Einfluss der Orientierung der martensitischen Bänder des DP800 weiter zu untersuchen.

Die **Variation der Stempelgeschwindigkeit v_{St}** führt bei der rechteckigen Geometrie mit steigender Stempelgeschwindigkeit v_{St} zu einem geringeren Porenflächenanteil $A_{\sum \mathrm{Pore}}$, welcher beim U-Profil annähernd gleichbleibt. Analog dazu sinkt die absolute Anzahl an Poren $n_{\sum \mathrm{Pore}}$ bei der rechteckigen Geometrie und ändert sich nicht signifikant beim U-Profil. Während die Porengrößenverteilungen keine signifikanten Änderungen für beide Geometrien aufweisen, steigt der prozentuale Anteil der Schädigungsmechanismen nach Porenfläche des Martensitbruchs bei Erhöhung der Stempelgeschwindigkeit v_{St}, während der Anteil der Ferrit-Martensit-Dekohäsion und des Notch-Effekts abnimmt, was nach Kusche et al. auf eine geringere plastische Dehnung hinweist [KUSC19]. Dies gilt es für weiterführende Untersuchungen jedoch zunächst zu bestätigen, da das verwendete Schädigungsmodell derzeit keine geschwindigkeitsabhängigen Werkstoffeigenschaften berücksichtigt.

Die **Variation der Reibung** beeinflusst die in das Blechwerkstück eingebrachte gesamte duktile Schädigung als Integral des Schädigungsparameters $\int D\,ds$. Dabei reduziert die Variation der Reibung die duktile Schädigung. Analog dazu ist auch der Porenflächenanteile $A_{\sum \mathrm{Pore}}$ der Variation der Reibung geringer als der des Referenzprozess, was sich mit den numerischen Untersuchungen deckt. Darüber hinaus führt die Variation der Reibung zu einem reduzierten Anteil der Schädigungsmechanismen an der Porenfläche der Ferrit-Martensit-Dekohäsion bei gleichzeitigem Anstieg des Martensitbruchs.

Die **Variation der Prozessführung** beeinflusst das numerisch vorhergesagte Schädigungsmaximum D_{max}, die Schädigungsverteilung entlang der Auswerteebene hinsichtlich der Charakteristika und den numerisch vorhergesagten Schädigungsparameter D nicht signifikant, was in Übereinstimmung mit den experimentellen Untersuchungen steht. So unterscheiden sich die Porenflächenanteile $A_{\sum \mathrm{Pore}}$ und die Porengrößenverteilungen nicht signifikant voneinander. Erneut korrelieren jedoch die prozentualen Anteile der Schädigungsmechanismen an der Porenfläche im Zusammenhang mit der plastischer Vergleichsformänderung φ_{pl} mit den Erkenntnissen von Kusche et al. [KUSC19]. So zeigt sich ein reduzierter Anteil der Schädigungsmechanismen an der Porenfläche des Martensitbruchs bei gleichzeitigem Anstieg der Ferrit-Martensit-Dekohäsion, wenn die numerisch vorhergesagte plastische Vergleichsformänderung φ_{pl} zunimmt.

Damit wurde **Forschungsfrage 2** beantwortet, welchen Einfluss die Prozesseinflussgrößen auf die beim Tiefziehen induzierte duktile Schädigung besitzen. Diese Erkenntnisse bilden die Basis für die weiterführende Untersuchung der Wechselwirkungen zwischen Schädigungszustand und der Leistungsfähigkeit der tiefgezogenen Blechwerkstücke, die im nachfolgenden Kapitel anhand von Zugprüfungen detailliert quantifiziert und analysiert werden.

6 Analyse des Einflusses des Schädigungszustands auf die Leistungsfähigkeit

Analysis of the influence of the state of damage on performance

Kapitel 5 hat gezeigt, dass der Schädigungszustand signifikant durch die Variation von unterschiedlichen Prozessparametern und Prozessführung beeinflusst werden kann. Diese Erkenntnisse bilden die Grundlage für das Verständnis der induzierten duktilen Schädigung während des Tiefziehens. Um die Wechselwirkungen zwischen dem Schädigungszustand nach dem Tiefziehen und der Leistungsfähigkeit der tiefgezogenen Blechwerkstücke zu identifizieren, wird in Kapitel 6 auf Basis der Forschungsfrage **„Welchen Einfluss besitzen die unterschiedlichen Lastpfade und die dadurch induzierte duktile Schädigung auf die Leistungsfähigkeit der tiefgezogenen Blechwerkstücke?“** die Leistungsfähigkeit systematisch quantifiziert. Hierfür werden Zugprüfungen von gekerbten Zugproben, die aus den tiefgezogenen Blechwerkstücken herausgetrennt wurden, durchgeführt, um eine differenzierte Betrachtung des Einflusses der induzierten duktilen Schädigung auf die Leistungsfähigkeit zu ermöglichen. In Kapitel 6.1 werden jedoch zunächst Zugversuche analysiert, die in Abhängigkeit von der Walzrichtung durchgeführt wurden. Die daraus abgeleiteten richtungsabhängigen mechanischen Kennwerte dienen der Bewertung der walzrichtungsabhängigen Duktilität des Blechwerkstücks und werden zur Analyse der Leistungsfähigkeit der Blechwerkstücke, die mit unterschiedlicher Walzrichtung φ_{Bl} des Blechzuschnitts relativ zu den Werkzeugelementen tiefgezogen wurden, herangezogen. Darauf aufbauend wird in Kapitel 6.2 das methodische Vorgehen zur Analyse der Leistungsfähigkeit der tiefgezogenen Blechwerkstücke erläutert. Dabei wird weiterhin der vorherrschende Spannungszustand der gekerbten Zugproben mittels numerischer Prozessmodellierung analysiert. Kapitel 6.3 quantifiziert schließlich die Leistungsfähigkeit der tiefgezogenen Blechwerkstücke und korreliert diese mit den Schädigungszuständen aus Kapitel 5.

6.1 Einfluss der Walzrichtung auf die mechanischen Kennwerte des Blechwerkstoffs

Influence of the rolling direction on the mechanical properties of the sheet material

Zur Bewertung der mechanischen Eigenschaften des Blechwerkstoffs in Abhängigkeit von der Walzrichtung wurden Zugversuche durchgeführt. Ziel dieser Versuche war es, richtungsabhängige mechanische Eigenschaften des Werkstoffs DP800 zu identifizieren und die Duktilität zu bewerten. Auf Basis dieser Erkenntnisse wurde anschließend die Leistungsfähigkeit der Blechwerkstücke bewertet, die mit unterschiedlicher Walzrichtung φ_{Bl} des Blechzuschnitts relativ zu den Werkzeugelementen tiefgezogen wurden. Herangezogen wurden neben den charakteristischen Kenngrößen des Zugversuchs nach DIN EN ISO 6891 [ISO20] auch der r-Wert nach DIN EN ISO 10113 als Maß für die senkrechte Anisotropie [DIN21a] sowie der n-Wert nach

DIN EN ISO 10275 als Maß für die Verfestigung [DIN20]. Die Prüfung fand unter quasi-statischen Bedingungen mit einer Zuggeschwindigkeit v_{Zug} von v_{Zug} = 1 mm/min statt und wurde dreimal wiederholt. Es wurden Zugversuche in Walzrichtung φ_{Bl} von φ_{Bl} = {0, 45, 90}° durchgeführt. Zum Einsatz kam die Materialprüfmaschine Z100 der Firma Zwick Roell ausgestattet mit einem Extensometer. Abbildung 6.1 zeigt die Abmaße der Zugprobe.

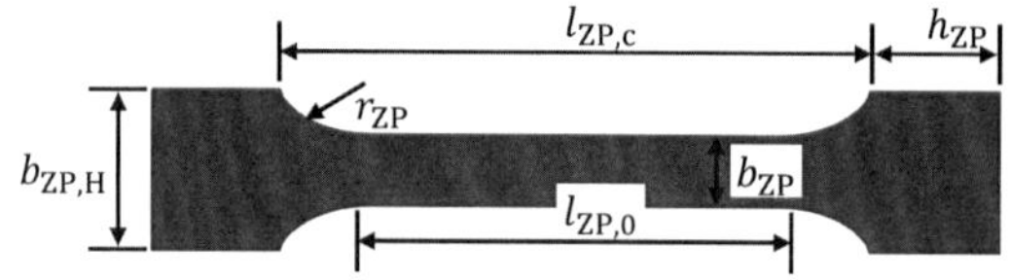

$l_{\mathrm{ZP,c}}$	108 mm
$l_{\mathrm{ZP,0}}$	75 mm
r_{ZP}	20 mm
h_{ZP}	46 mm
b_{ZP}	12,5 mm
$b_{\mathrm{ZP,H}}$	29 mm

$l_{\mathrm{ZP,c}}$: Länge, $l_{\mathrm{ZP,0}}$: Anfangsmesslänge, r_{ZP}: Übergangsradius, h_{ZP}: Kopfhöhe, b_{ZP}: Probenbreite, $b_{\mathrm{ZP,H}}$: Kopfbreite

Abbildung 6.1: Schematische Darstellung der Zugprobe zur Bewertung der senkrechten Anisotropie und Verfestigung

Schematic representation of the tensile test specimen for the evaluation of perpendicular anisotropy and hardening

Zur Bestimmung des r-Werts wurde für jeden Zugversuch in Abhängigkeit von der Walzrichtung φ_{Bl} der r_i-Wert nach Formel 6.1 bestimmt. Der Indize 1 beschreibt dabei den Zustand während des Zugversuchs.

$$r_{0°,45°,90°} = \frac{ln\left(\frac{b_{\mathrm{ZP},1}}{b_{\mathrm{ZP},0}}\right)}{ln\left(\frac{l_{\mathrm{ZP},0} b_{\mathrm{ZP},0}}{l_{\mathrm{ZP},1} b_{\mathrm{ZP},1}}\right)} \tag{6.1}$$

Anschließend wurde der r-Wert entsprechend Formel 6.2 berechnet. Dabei kann bei r = 1 von isotropem Werkstoffverhalten ausgegangen werden, bei r < 1 fließt der Werkstoff insbesondere aus der Blechdicke und bei r > 1 aus der Breite.

$$r = \frac{r_{0°} + 2r_{45°} + r_{90°}}{4} \tag{6.2}$$

Der n-Wert ist Teil der Ludwik-Hollomon-Gleichung, die das Verfestigungsverhalten eines Werkstoffes beschreibt, und durch die wahre Spannung σ_{Wahr}, die wahre Dehnung $\varepsilon_{\mathrm{Wahr}}$ und die Verfestigungskonstante K beschrieben wird. Ein höherer n-Wert führt zu einer stärkeren Kaltverfestigung und zu einer gleichmäßigeren Formänderungsverteilung. Formel 6.3 zeigt den Zusammenhang auf.

$$\sigma_{\mathrm{Wahr}} = K\varepsilon_{\mathrm{Wahr}}^{n} \tag{6.3}$$

Der n-Wert wird mittels linearer Regression der logarithmierten wahren Spannung σ_{Wahr} über die logarithmierte wahre Dehnung $\varepsilon_{\mathrm{Wahr}}$ bestimmt (Formel 6.4). Da es sich beim DP800 um einen Werkstoff ohne ausgeprägte Streckgrenze handelt, erfolgte die Auswertung nach Beginn der plastischen Verformung und nach Erreichen der Zuggeschwindigkeit v_{Zug}.

$$\ln(\sigma_{\mathrm{Wahr}}) = \ln(K) + n\ln(\varepsilon_{\mathrm{Wahr}}) \qquad (6.4)$$

Bewertung der mechanischen Eigenschaften des Blechwerkstoffs in Abhängigkeit von der Walzrichtung

Die Zugfestigkeiten Rm in Abhängigkeit von der Walzrichtung φ_{Bl} in Tabelle 6.1 zeigen keine signifikanten Unterschiede auf. Im Gegensatz dazu variiert die Gleichmaßdehnung Ag als Maß für die globale Duktilität je nach Walzrichtung φ_{Bl} und ist bei einer Walzrichtung φ_{Bl} von φ_{Bl} = 0° am größten, gefolgt von einer Walzrichtung φ_{Bl} von φ_{Bl} = 90° und φ_{Bl} = 45°. Die Bruchdehnung At weist mit zunehmender Walzrichtung φ_{Bl} einen abnehmenden Wert auf. Analog dazu ist die Differenz der Gleichmaßdehnung Ag und Bruchdehnung At als Maß für die lokale Duktilität mit einem Wert von Ag-At = 8,03 für eine Walzrichtung φ_{Bl} von φ_{Bl} = 0° am größten. Gefolgt von einer Walzrichtung φ_{Bl} von φ_{Bl} = 45° mit einem Wert von Ag-At = 5,5 und einem Wert von Ag-At = 0,65 für die Walzrichtung φ_{Bl} von φ_{Bl} = 90°. Entsprechend zeigt der Werkstoff auf Basis von Abbildung 2.8 nach Heibel [HEIB21] in Abhängigkeit der Walzrichtung aufgrund der unterschiedlichen globalen Duktilität ein unterschiedliches Verhalten hinsichtlich Nukleation sowie Wachstum der Poren auf. Weiterhin ist aufgrund der differierenden lokalen Duktilität von einer reduzierten Koaleszenz der Poren mit zunehmender Walzrichtung φ_{Bl} auszugehen.

Tabelle 6.1: Mechanische Kennwerte des Blechwerkstoffs in Abhängigkeit von der Walzrichtung φ_{Bl}

Mechanical characteristics of the sheet material as a dependence of the rolling direction φ_{Bl}

Walzrichtung φ_{Bl}	Zugfestigkeit Rm in MPa	Gleichmaß-dehnung Ag in %	Bruchdehnung At in %	r_i-Wert	n_i-Wert
0°	804	13,73	21,76	0,753	0,137
45°	816	10,83	16,33	0,78	0,14
90°	812	12,03	12,68	0,863	0,14

Der r-Wert ergibt sich zu r = 0,815, sodass der Werkstofffluss die Tendenz zeigt, aus der Blechdicke zu fließen. Der n-Wert zeigt keine signifikante Änderung mit variierender Walzrichtung auf und es ist von einem Verfestigungsverhalten unabhängig von der Walzrichtung φ_{Bl} auszugehen. Abbildung 6.2 fasst die Spannungs-Dehnungs-Verläufe der Zugproben mit unterschiedlicher Walzrichtung φ_{Bl} grafisch zusammen.

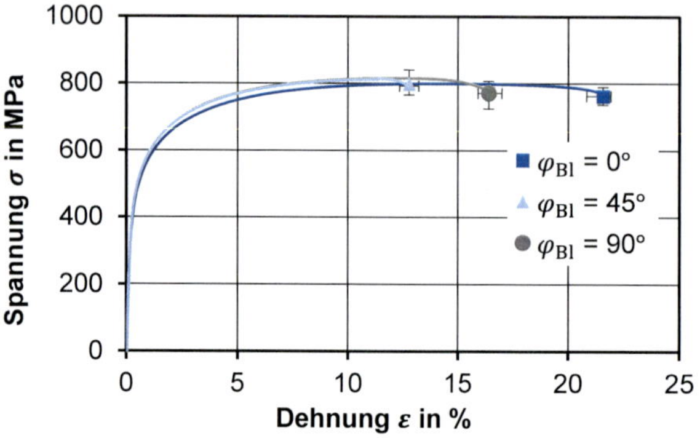

Abbildung 6.2: Spannungs-Dehnungs-Verlauf der Zugproben mit unterschiedlicher Walzrichtung

Stress-strain curve of the tensile specimens with variation of the rolling direction

6.2 Numerische Analyse des Spannungszustands

Numerical analysis of the damage state

Zur Prüfung der Leistungsfähigkeit wurden aus den in Kapitel 5 zur Quantifizierung des Schädigungszustands verwendeten tiefgezogenen Blechwerkstücken geometrisch gleiche gekerbte Zugproben getrennt. Die Zugproben wurden mit einem Kerbenradius R_{K} von R_{K} = 5 mm versehen, um die höchsten auftretenden Spannungen lokal zu fokussieren und ein Versagen nahe der Einspannung zu vermeiden (Abbildung 6.8). Für die vorliegenden Untersuchungen wurden ausschließlich U-Profile verwendet, da sich die rechteckigen Geometrien im betrachteten Referenzpunkt signifikant in Bezug auf die plastische Vergleichsformänderung φ_{pl} unterschieden. Die signifikanten Unterschiede in der plastischen Vergleichsformänderung φ_{pl} haben zur Folge, dass auch die in die Blechwerkstücke eingebrachte Kaltverfestigung variiert. Eine variierende Kaltverfestigung beeinflusst die mechanischen Eigenschaften der Werkstücke, was dazu führt, dass die Wechselwirkungen zwischen Schädigungszustand, Kaltverfestigung und der resultierenden Leistungsfähigkeit der Blechwerkstücke nicht isoliert und unabhängig voneinander analysiert werden können.

Für die numerische Prozessmodellierung wurde die Zugprüfung der gekerbten Zugproben analog zur experimentellen Prüfung der Leistungsfähigkeit abgebildet. Die Zugproben wurden anschließend hinsichtlich des vorherrschenden Spannungszustands in der Kerbe analysiert. Hierbei war das Ziel zu überprüfen, ob sich die auftretenden Spannungen im Bereich der Kerbe fokussieren und inwiefern sich die Spannungsverteilung im Bereich der Kerbe über die Zugprüfung hinweg gestaltet.

Die numerische Prozessmodellierung erfolgte nicht unter Berücksichtigung der durch das Tiefziehen induzierten duktilen Schädigung, da dies unter den gegebenen Randbedingungen nicht in Abaqus umsetzbar war. Analysiert wurde die von Mises-

Vergleichsspannung φ_{vM} zu diskreten Zeitpunkten auf der Vorder- sowie der Rückseite der gekerbten Zugprobe bis zu einem Zugweg s_{Zug}, der kurz vor dem Versagen lag. Weiterhin betrachtet wurden die Lastpfade durch Triaxialität η und Lode-Winkel-Parameter $\bar{\theta}$ zur eindeutigen Bestimmung des vorherrschenden Spannungszustands.

Zur Diskretisierung der Zugproben wurden diese durch ein engmaschiges Netz an Volumenelementen dargestellt. Als Volumenelemente wurden in Anlehnung an das Tiefziehen C3D8R-Elemente mit einer Global seed size α_{GSS} von α_{GSS} = 0,3 verwendet. Als Werkstoffmodell kam analog zu Kapitel 4 das Lemaitre-Modell nach Sprave et al. zum Einsatz [SPRA20].

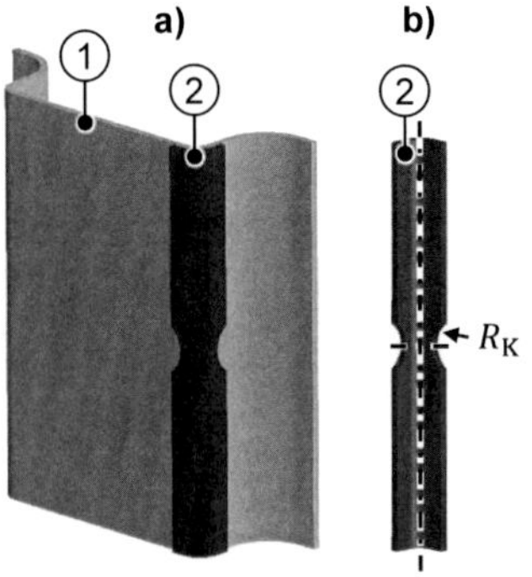

R_{K}: Kerbenradius

Abbildung 6.3: a) Schematische Darstellung des U-Profils und b) des Teilstückes, 1: U-Profil, 2: Teilstück zur Leistungsfähigkeitsprüfung

a) Schematic representation of the U-profile and b) the section for the performance test, 1: U-profile, 2: section for the performance test

Die Spannungszustände der gekerbten Zugprobe während der Zugprüfung in Abbildung 6.4 zeigen eine anfängliche Lokalisation der von Mises-Vergleichsspannung φ_{vM} im Bereich der Mitte der Zugprobe. Hier beginnt die von Mises-Vergleichsspannung φ_{vM} ringförmig anzusteigen, wobei erste Spannungsspitzen zunächst im äußeren Bereich der Mitte der Zugprobe sichtbar sind. Im weiteren Verlauf des Zugversuchs nimmt die von Mises-Vergleichsspannung φ_{vM} entlang des gesamten Kerbradius R_{K} zu und erreicht schließlich auch den inneren Bereich um die Kerbe, sodass eine homogene Spannungsverteilung entlang des Radius entsteht, jedoch weiterhin mit Spannungsspitzen im äußeren Bereich der Mitte der gekerbten Zugprobe. Während die von Mises-Vergleichsspannung φ_{vM} im Bereich des Kerbradius R_{K} ansteigt, zeigt der Bereich außerhalb der Mitte der Zugprobe eine homogen verteilte, niedrigere von Mises-Vergleichsspannung φ_{vM}, die darauf hindeutet, dass die Belastung auf die Mitte der Zugprobe durch die Kerbe fokussiert bleibt.

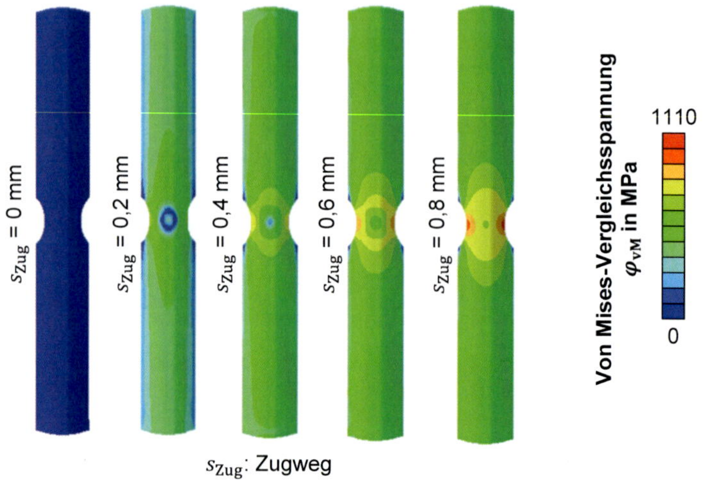

Abbildung 6.4: Von Mises-Vergleichsspannung φ_{vM} der gekerbten Zugproben während der Zugprüfung zu diskreten Zeitpunkten auf der Rückseite

Von Mises stress φ_{vM} of the notched tensile specimens during the tensile test at discrete points in time on the back of the specimen

Anders als auf der Rückseite der Zugprobe ist auf der Vorderseite außerhalb des Bereichs der Mitte der Zugprobe keine homogen verteilte von Mises-Vergleichsspannung φ_{vM} zu erkennen, wie Abbildung 6.5 darstellt. Die äußeren Bereiche der gekerbten Zugprobe weisen zu Beginn des Versuchs eine vergleichsweise geringe Belastung auf. Diese Zone mit niedrigeren Spannungswerten der von Mises-Vergleichsspannung φ_{vM} verschiebt sich mit fortschreitendem Zugweg s_{Zug} zur Mitte der Zugprobe. Hierbei ist davon auszugehen, dass die Krümmung der gekerbten Zugprobe zu einer nicht gleichmäßigen Verteilung der Spannungen führt, der Kraftfluss zunächst durch die Mittelachse der Zugprobe verläuft und sich anschließend auf einen größeren Bereich verteilt.

Im Bereich der Mitte der gekerbten Zugprobe, insbesondere um den Kerbradius R_{K}, ist eine anfängliche Spannungslokalisation der von Mises-Vergleichsspannung φ_{vM} im äußeren Bereich erkennbar. Diese Spannungskonzentration bleibt über den gesamten Verlauf des Zugversuchs bestehen. Im weiteren Verlauf des Zugversuchs dehnt sich der Bereich hoher Belastung ellipsenförmig entlang der Mitte der gekerbten Zugprobe aus. Diese ellipsenförmige Ausbreitung der von Mises-Vergleichsspannung φ_{vM} weist auf eine fortschreitende Intensivierung und Verbreitung der Belastung im Bereich um die Kerbe hin und spiegelt die lokalen Spannungskonzentrationen wider, die durch den eingebrachten Kerbradius R_{K} begünstigt werden. Die verbleibenden Bereiche mit geringer Belastung am Rand der gekerbten Zugprobe sind dabei die Bereiche, die aufgrund des sich einstellenden Kraftflusses und der Spannungskonzentration im Bereich der Kerbe weniger Belastung aufnehmen müssen.

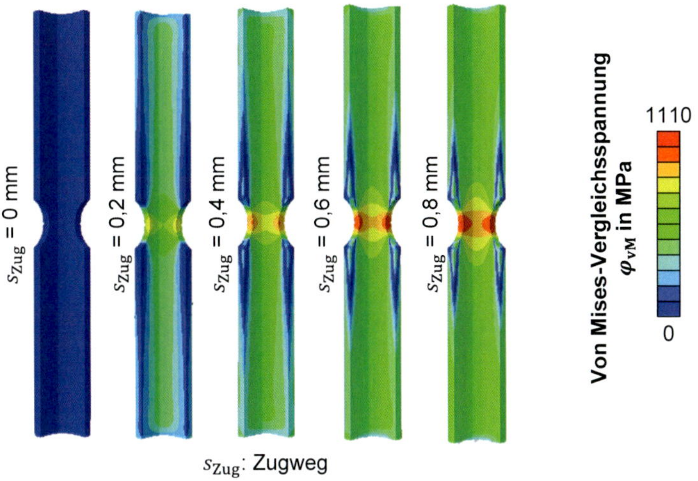

Abbildung 6.5: Von Mises-Vergleichsspannung φ_{vM} der gekerbten Zugproben während der Zugprüfung zu diskreten Zeitpunkten auf der Vorderseite

Von Mises stress φ_{vM} of the notched tensile specimens during the tensile test at discrete points in time on the front of the specimen

Die Lastpfade in Form der Triaxialität η und des Lode-Winkel-Parameters $\bar{\theta}$ über der plastischen Vergleichsformänderung φ_{pl} auf der Rückseite der gekerbten Zugprobe in Abbildung 6.6 zeigen einen annähernd linearen Verlauf. Während die Triaxialität η von einem Wert um η = 0,37 kontinuierlich auf einen Wert von η = 0,54 ansteigt, zeigt der Verlauf des Lode-Winkel-Parameters $\bar{\theta}$ eine kontinuierliche Abnahme von $\bar{\theta}$ = 0,87 auf $\bar{\theta}$ = 0,19. Damit ändert sich der vorherrschende Spannungszustand von einer uniaxialen Zugspannung zu ebener Zugspannung mit Scherspannungsanteil.

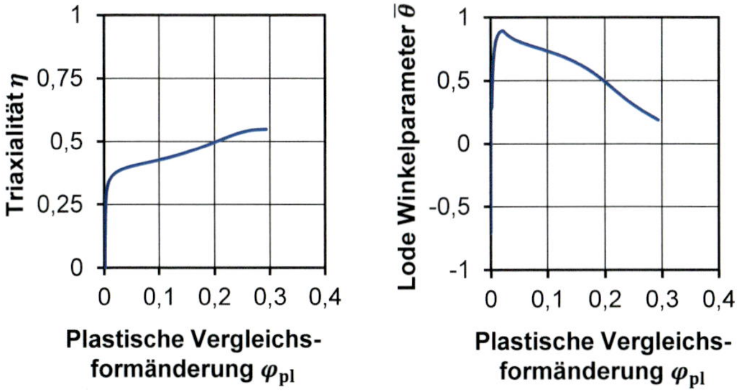

Abbildung 6.6: Lastpfade der gekerbten Zugproben während der Zugprüfung auf der Rückseite der Zugprobe im Bereich der Mitte der Zugprobe

Load paths of the notched tensile specimens during the tensile test on the back of the tensile test specimen in the center

Die Lastpfade in Form von Triaxialität η und Lode-Winkel-Parameter $\bar{\theta}$ über der plastischen Vergleichsformänderung φ_{pl} auf der Vorderseite der gekerbten Zugprobe in Abbildung 6.7 zeigen analog zur Rückseite eine kontinuierliche Steigung. Die Steigung beider Verläufe ist dabei geringer als auf der Rückseite der gekerbten Zugprobe. Es zeigt sich ein vorherrschender Spannungszustand, der auf Spannungen im Bereich der uniaxialen und ebenen Zugspannung hindeutet, ebenfalls mit Scherspannungsanteil. Die Begründung für die Unterschiede in den Verläufen von Vorder- und Rückseite ist in der Krümmung der gekerbten Zugprobe zu finden.

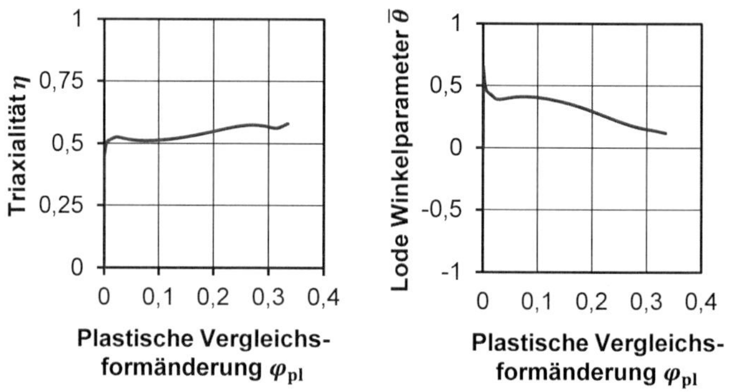

Abbildung 6.7: Lastpfade der gekerbten Zugproben während der Zugprüfung auf der Vorderseite der Zugprobe in der Mitte der Zugprobe

Load paths of the notched tensile specimens during the tensile test on the front of the tensile test specimen in the center

Die steigende Triaxialität η auf der Vorder- und Rückseite der gekerbten Zugprobe deutet nach Mohr [MOHR15] auf ein Wachstum der Poren hin, das ultimativ zum Bruch der gekerbten Zugprobe führt. Der gleichzeitig abnehmende Lode-Winkel-Parameter $\bar{\theta}$ lässt darauf schließen, dass das letztlich eintretende Versagen durch eine Kombination aus Zug- und Scherbeanspruchung verursacht wird. Dementsprechend überlagert sich die durch den Kerbradius R_{K} hervorgerufene Einschnürung im Bereich der Kerbe, erkennbar anhand der steigenden plastischen Vergleichsformänderung φ_{pl}, mit den auftretenden Zug- und Scherspannungen.

6.3 Quantifizierung der Leistungsfähigkeit

Quantification of the performance

Zur experimentellen Prüfung der Leistungsfähigkeit wurde eine Materialprüfmaschine Z100 der Firma Zwick Roell verwendet. Hierfür wurden die Zugproben in einer der Krümmung angepassten Spannvorrichtung eingespannt, sodass diese nicht nachrutschen konnten, wie Abbildung 6.8 zeigt. Die Zugprüfung wurde unter quasi-statischen Bedingungen durchgeführt. Die Zuggeschwindigkeit v_{Zug} betrug v_{Zug} = 1,5 mm/min. Aus statistischen Gründen wurde jeder Versuch dreimal wiederholt.

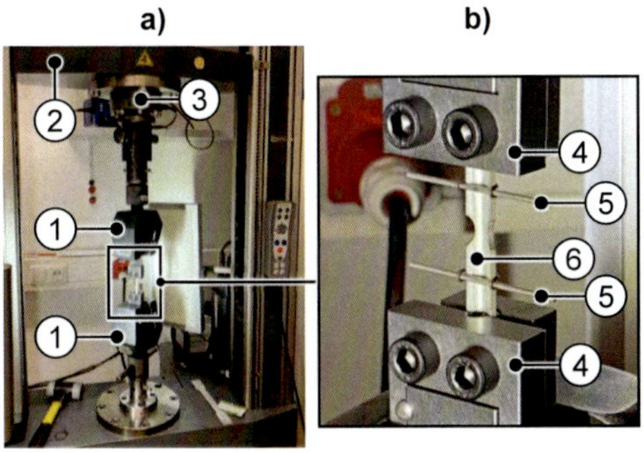

Abbildung 6.8: a) Prüfaufbau und b) Detailansicht der experimentellen Prüfung der Leistungsfähigkeit, 1: Klemmbacken, 2: Traversenführung, 3: Kraftaufnehmer, 4: Spannvorrichtung, 5: Abstandsmarken, 6: Zugprobe zur Leistungsfähigkeitsprüfung

a) Test setup and b) detailed view of the experimental performance tests, 1: clamping jaws, 2: crosshead guide, 3: force transducer, 4: clamping device, 5: distance marks, 6: section for the performance test

Einfluss der Prozessparameter auf die Leistungsfähigkeit

Die Kraft-Weg-Verläufe der gekerbten Zugproben, die unter Verwendung von unterschiedlichen Matrizenradien r_M tiefgezogen und herausgetrennt wurden, zeigen einige unterschiedliche Charakteristika, wie Abbildung 6.9 aufzeigt. Verglichen mit dem Referenzprozess, bei dem ein Matrizenradius r_M von r_M = 3 mm verwendet wurde, weist der Kraft-Weg-Verlauf des Matrizenradius r_M von r_M = 6 mm eine höhere Steigung zu Beginn des Zugversuchs auf. Der steilere Anstieg setzt sich bis zu einem Zugweg s_{Zug} von s_{Zug} = 0,2 mm fort. Anschließend kehrt sich dieser Trend um. Der Referenzprozess mit einem Matrizenradius r_M von r_M = 3 mm erreicht mit $F_{max.,Zug}$ = 0,841 kN eine maximale Zugkraft $F_{max.,Zug}$, die gegenüber dem Kraft-Weg-Verlauf des Matrizenradius r_M von r_M = 6 mm um 2,49 % höher ist. Dennoch erreicht der Kraft-Weg-Verlauf des Matrizenradius r_M von r_M = 6 mm einen größeren maximalen Zugweg $s_{max.,Zug}$ von $s_{max.,Zug}$ = 0,841 mm, was einer Steigerung von 1,08 % gegenüber dem Referenzprozess entspricht, der bei einem maximalen Zugweg $s_{max.,Zug}$ von $s_{max.,Zug}$ = 0,832 mm endet. Der Matrizenradius r_M von r_M = 9 mm zeigt zu Beginn der Kraft-Weg-Verläufe eine ähnliche Steigung im Vergleich zum Referenzprozess mit einem Matrizenradius r_M von r_M = 3 mm auf. Jedoch ist die maximale Zugkraft $F_{max.,Zug}$ für den Matrizenradius r_M von r_M = 9 mm mit $F_{max.,Zug}$ = 7,949 kN um 3,63 % kleiner. Der maximale Zugweg $s_{max.,Zug}$ ist mit einem Wert von $s_{max.,Zug}$ = 0,850 mm um 2,20 % höher.

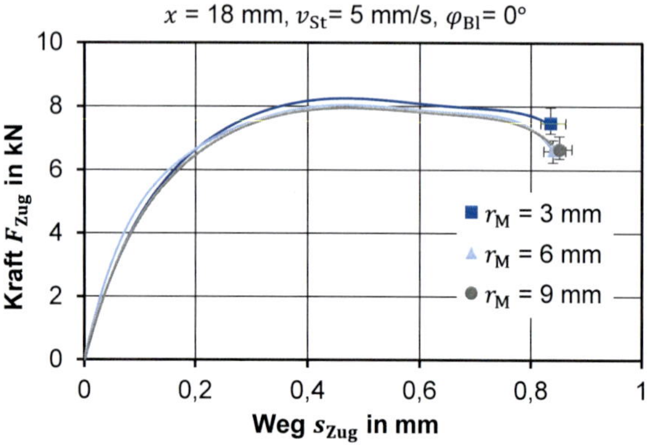

r_M: Matrizenradius, x: Stempelweg, v_{St}: Stempelgeschwindigkeit, φ_{Bl}: Walzrichtung des Blechzuschnitts relativ zu den Werkzeugelementen

Abbildung 6.9: Kraft-Weg-Verlauf der gekerbten Zugprobe bei Variation des Matrizenradius r_M beim Tiefziehen des U-Profils

Force-displacement curve of the notched tensile specimen with variation of the die radius r_M during deep drawing of the U-Profile

Auf Basis der Erkenntnisse über die Lastpfade und die induzierte duktile Schädigung aus den vorangegangenen Kapiteln lässt sich vermuten, dass der größere Zugweg $s_{max.,Zug}$ mit steigendem Matrizenradius r_M mit der geringeren induzierten duktilen Schädigung zu korrelieren ist. Die geringere induzierte duktile Schädigung könnte hierbei eine größere plastische Dehnung erlauben, bevor Versagen durch eine Kombination aus Zug- und Scherbeanspruchung eintritt. Bezüglich der höheren maximalen Zugkraft $F_{max.,Zug}$ mit abnehmendem Matrizenradius r_M könnte die Abnahme der plastischen Vergleichsformänderung φ_{pl} mit steigendem Matrizenradius r_M eine Rolle spielen, da die plastische Dehnung auch die Kaltverfestigung beeinflusst. Dies könnte erklären, warum die gekerbten Zugproben mit größerem Matrizenradius r_M zunächst eine höhere Steifigkeit besitzen, jedoch im weiteren Verlauf eine niedrigere maximale Zugkraft $F_{max.,Zug}$ erreichen. Dennoch bedarf es weiterführender Untersuchungen, um diese Zusammenhänge eindeutig zu überprüfen, da die einzelnen Effekte derzeit nicht eindeutig separiert werden können. Insbesondere bleibt unklar, in welchem Maße die geringere plastische Vergleichsformänderung φ_{pl}, die reduzierte Kaltverfestigung und die niedrigere duktile Schädigung jeweils zur beobachteten Veränderung der mechanischen Eigenschaften beitragen. Um eine präzisere Korrelation zwischen diesen Faktoren herzustellen, sind detaillierte Analysen erforderlich, beispielsweise durch mikrostrukturelle Untersuchungen oder numerische Methoden, die eine gezielte Bewertung der Einflussgrößen auf die Leistungsfähigkeit ermöglichen.

Die in Abbildung 6.10 dargestellten Kraft-Weg-Verläufe der gekerbten Zugproben, die mit unterschiedlichen Walzrichtung φ_{Bl} des Blechzuschnitts relativ zu den Werkzeugelement tiefgezogen und anschließend herausgetrennt wurden, weisen bis zu einem

Zugweg s_{Zug} von s_{Zug} = 0,44 mm einen annähernd identischen Kraft-Weg-Verlauf auf. Anschließend erreicht die Walzrichtung φ_{Bl} von φ_{Bl} = 45° eine maximale Zugkraft $F_{max.,Zug}$ von $F_{max.,Zug}$ = 8,349 kN, was einer Steigerung von 1,22 % gegenüber dem Referenzprozess mit einer Walzrichtung φ_{Bl} von φ_{Bl} = 0° entspricht. Analog dazu steigt auch der maximale Zugweg $s_{max.,Zug}$. Bei einer Walzrichtung φ_{Bl} von φ_{Bl} = 45° wird ein maximaler Zugweg $s_{max.,Zug}$ von $s_{max.,Zug}$ = 0,913 mm erreicht, was 9,74 % höher ist als beim Referenzprozess mit einer Walzrichtung φ_{Bl} von φ_{Bl} = 0°. Somit zeigen die gekerbten Zugproben, die nach dem Tiefziehen aus dem Blechwerkstück herausgetrennt wurden, gegenüber den Zugproben aus dem Zugversuch nach DIN EN ISO 6891 [ISO20] eine gegensätzliche Tendenz hinsichtlich der Abhängigkeit der mechanischen Eigenschaften von der Walzrichtung φ_{Bl}. Dies wirft die Frage auf, welche Einflussgrößen die Unterschiede, insbesondere der Bruchdehnung At und der maximalen Zugkraft $F_{max.,Zug}$, bedingen.

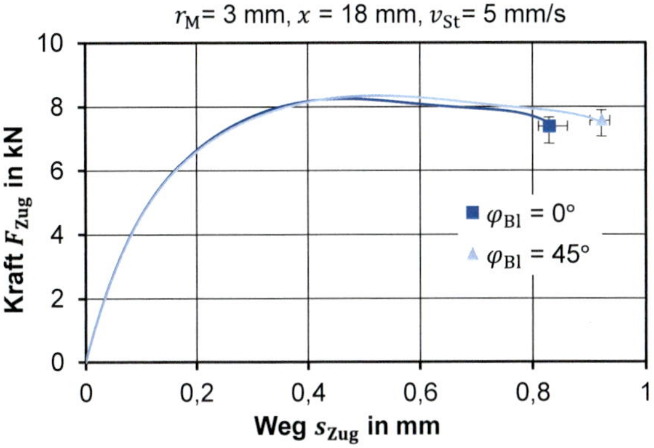

r_M: Matrizenradius, x: Stempelweg, v_{St}: Stempelgeschwindigkeit, φ_{Bl}: Walzrichtung des Blechzuschnitts relativ zu den Werkzeugelementen

Abbildung 6.10: Kraft-Weg-Verlauf der gekerbten Zugprobe bei Variation der Walzrichtung des Blechzuschnitts relativ zu den Werkzeugelement beim Tiefziehen des U-Profils

Force-displacement curve of the notched tensile specimen with variation of the alignment of the sheet metal blank taking into account the rolling direction relative to the tool elements during deep drawing of the U-Profile

Es lässt sich vermuten, dass die Prozesshistorie die Entwicklung der duktilen Schädigung während des Zugversuchs maßgeblich beeinflusst. Die gekerbten Zugproben erfahren bereits während des vorhergehenden Tiefziehprozesses eine induzierte duktile Schädigung, die nicht nur auf Zugspannungen, sondern auch auf eine überlagerte Biegebeanspruchung zurückzuführen ist. Gleichzeitig wurde durch das Tiefziehen eine plastische Dehnung in die Blechwerkstücke eingebracht, die mit einer Kaltverfestigung einhergeht. Die beobachteten Unterschiede in den mechanischen Eigenschaften lassen sich somit möglicherweise durch das Zusammenspiel aus induzierter duktiler

Schädigung und variierender Kaltverfestigung erklären. Jedoch sind auch hier weitere Untersuchungen notwendig, um die einzelnen Effekte und deren Einfluss auf die mechanischen Eigenschaften zu separieren.

Im Gegensatz zu den Kraft-Weg-Verläufen der gekerbten Zugproben, die unter Variation des Matrizenradius r_M und der Walzrichtung φ_{Bl} tiefgezogen und anschließend herausgetrennt wurden, zeigen die Kraft- Weg-Verläufe der Variation der Stempelgeschwindigkeit v_{St} einen ähnlichen Verlauf, wie Abbildung 6.11 verdeutlicht. Die maximale Zugkraft $F_{max.,Zug}$ der Stempelgeschwindigkeit v_{St} von v_{St} = 50 mm/s ist mit einem Wert von $F_{max.,Zug}$ = 8,215 kN um lediglich 0,4 % höher als beim Referenzprozess mit einer Stempelgeschwindigkeit v_{St} von v_{St} = 5 mm/s. Der maximale Zugweg $s_{max.,Zug}$ ist für die höhere Stempelgeschwindigkeit v_{St} um 1,8 % geringer und beträgt $s_{max.,Zug}$ = 0,817 mm. Entsprechend scheinen die in der induzierten duktilen Schädigung festgestellten geringen Unterschiede in Abbildung 5.18 und Abbildung 5.19 keinen signifikanten Einfluss auf die Leistungsfähigkeit zu besitzen. Der potenzielle Einfluss möglicher Unterschiede in der plastischen Dehnung kann dabei nicht berücksichtigt werden, da das Werkstoffmodell keine Dehnratenabhängigkeit beinhaltet.

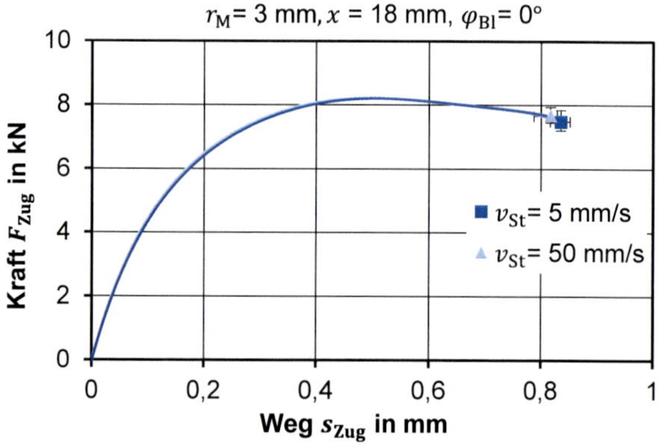

r_M: Matrizenradius, x: Stempelweg, v_{St}: Stempelgeschwindigkeit, φ_{Bl}: Walzrichtung des Blechzuschnitts relativ zu den Werkzeugelementen

Abbildung 6.11: Kraft-Weg-Verlauf der gekerbten Zugprobe bei Variation der Stempelgeschwindigkeit v_{St} beim Tiefziehen des U-Profils

Force-displacement curve of the notched tensile specimen with variation of the punch velocity v_{St} during deep drawing of the U-Profile

Einfluss der Prozessführung auf die Leistungsfähigkeit

Wie Abbildung 6.12 darstellt, weist der Kraft-Weg-Verlauf des Stülpziehens im Vergleich zum Referenzprozess mit einem Matrizenradius r_M von r_M = 3 mm eine niedrigere Steigung zu Beginn des Zugversuchs bis zu einem Zugweg s_{Zug} von s_{Zug} = 0,4 mm auf. Dieser Trend dreht sich anschließend um. Der Referenzprozess mit einem Matrizenradius r_M von r_M = 3 mm endet bei einem maximalen Zugweg $s_{max.,Zug}$

von $s_{\mathrm{max.,Zug}}$ = 0,831. Das Stülpziehen hingegen schließt bei einem maximalen Zugweg $s_{\mathrm{max.,Zug}}$ von $s_{\mathrm{max.,Zug}}$ = 0,868 und erreicht somit einen um 4,45 % niedrigeren Wert. Die maximale Zugkraft $F_{\mathrm{max.,Zug}}$ ist beim Referenzprozess mit einem Matrizenradius r_{M} von r_{M} = 3 mm gegenüber Stülpziehen um 3,34 % höher. Das Weiterziehen zeigt zu Beginn der Kraft-Weg-Verläufe eine größere Steigung als der Referenzprozess mit einem Matrizenradius r_{M} von r_{M} = 3 mm auf und verbleibt auf einem höheren Niveau der Zugkraft F_{Zug}. Zeitgleich ist die maximale Zugkraft $F_{\mathrm{max.,Zug}}$ für das Weiterziehen mit $F_{\mathrm{max.,Zug}}$ = 8,515 kN um 3,84 % größer. Der maximale Zugweg $s_{\mathrm{max.,Zug}}$ ist mit einem Wert von $s_{\mathrm{max.,Zug}}$ = 0,815 um 1,93 % höher.

Analog zur Variation des Matrizenradius r_{M} lässt sich ebenfalls eine Erklärung in der Wechselwirkung von induzierter duktiler Schädigung und Kaltverfestigung vermuten. Auch hier zeigt die Variante mit der höchsten plastische Vergleichsformänderung φ_{pl} die höchste Zugkraft F_{Zug}. Jedoch zeigt sich hinsichtlich des maximalen Zugweg $s_{\mathrm{max.,Zug}}$ ein konträres Bild. So erreicht das Stülpziehen mit der geringsten induzierten duktilen Schädigung, wie Abbildung 5.24 und Abbildung 5.25 zeigen, den größten maximalen Zugweg $s_{\mathrm{max.,Zug}}$. Dementsprechend stellt sich die Frage, ob neben der Kaltverfestigung und der induzierten duktilen Schädigung auch die vom Blechwerkstücke erfahrene Belastungsrichtung einen Einfluss auf die Leistungsfähigkeit besitzt. Um dies zu beantworten, sind jedoch weitere durch mikrostrukturelle Untersuchungen oder numerische Methoden notwendig, die eine gezielte Bewertung potenzieller Einflussgrößen auf die Leistungsfähigkeit ermöglichen.

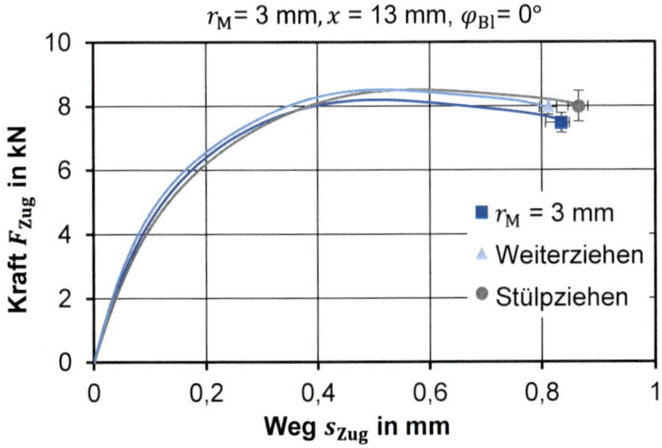

r_{M}: Matrizenradius, x: Stempelweg, v_{St}: Stempelgeschwindigkeit, φ_{Bl}: Walzrichtung des Blechzuschnitts relativ zu den Werkzeugelementen

Abbildung 6.12: Kraft-Weg-Verlauf der gekerbten Zugprobe bei Variation der Prozessführung beim Tiefziehen des U-Profils

Force-displacement curve of the notched tensile specimen with variation process setup during deep drawing of the rectangular geometry

6.4 Fazit zu dem Schädigungszustand

Conclusion of damage state

Im vorangegangenen Kapitel wurde systematisch der Einfluss der Walzrichtung φ_{Bl} auf die mechanischen Kennwerte des verwendeten DP800 analysiert sowie die Wechselwirkungen zwischen duktiler Schädigung und Leistungsfähigkeit von tiefgezogenen Blechwerkstücken untersucht. Gezeigt wurde, dass beim verwendeten DP800 die Analyse der **mechanischen Kennwerte in Abhängigkeit von der Walzrichtung φ_{Bl}** keine eindeutige Tendenz aufweist. Während die Zugfestigkeit Rm im gesamten Bereich der untersuchten Walzrichtungen φ_{Bl} nahezu unverändert bleibt, variieren Gleichmaßdehnung Ag und Bruchdehnung At in Abhängigkeit von der Walzrichtung φ_{Bl}. Dabei zeigt die Gleichmaßdehnung Ag als Maß für die globale Duktilität kein erkennbares Muster in Abhängigkeit von der Walzrichtung φ_{Bl}, während hingegen die Bruchdehnung At sowie die Differenz der Gleichmaßdehnung Ag und Bruchdehnung At als Maß für die lokale Duktilität mit steigender Walzrichtung φ_{Bl} abnehmen. Der r-Wert zeigt zwar eine Fließrichtung in der Blechdicke an, jedoch ist der n-Wert über verschiedene Walzrichtungen φ_{Bl} konstant, was auf eine gleichmäßige Formänderungsverteilung hinweist. Die fehlende klare Tendenz in den Ergebnissen deutet darauf hin, dass die Walzrichtung φ_{Bl} nur einen begrenzten Einfluss auf das plastische Verhalten des Werkstoffs besitzt und es weitere, derzeit unbekannte Einflussfaktoren hinsichtlich der mechanischen Eigenschaften existieren. Um die tatsächliche Rolle der Walzrichtung φ_{Bl} bei der Umformung des verwendeten DP800 hinreichend genau zu verstehen, sollten weiterführende, insbesondere mikrostrukturelle Untersuchungen durchgeführt werden, die die Ursache der richtungsabhängigen mechanischen Eigenschaften genauer aufdecken.

Die Ergebnisse der Kraft-Weg-Verläufe für die gekerbten Zugproben als Maß für den **Einfluss der Schädigung auf die Leistungsfähigkeit** zeigen keine klare Tendenz, sondern weisen eine deutliche Streuung auf. Unterschiede in den Matrizenradien r_{M}, Walzrichtungen φ_{Bl}, Stempelgeschwindigkeiten v_{St} und der Prozessführung beeinflussen zwar einzelne Kraft-Weg-Verläufe und Maximalwerte, jedoch lassen sich keine einheitlichen Muster oder Vorhersagen ableiten. Neben den unterschiedlichen plastischen Vergleichsformänderungen φ_{pl} und der damit differierenden Kaltverfestigung der gekerbten Zugproben wirken sich auch zusätzliche Einflussfaktoren, wie die Umkehr der Belastungsrichtung, auf die Leistungsfähigkeit aus, was eine klare Interpretation weiter erschwert. Eine Superposition dieser Einflüsse scheint somit für das uneinheitliche Verhalten verantwortlich zu sein, die derzeit noch nicht hinreichend genau separiert werden kann.

Damit konnte **Forschungsfrage 3** nicht eindeutig beantworten werden, da der Einfluss der unterschiedlichen Lastpfaden, und der dadurch induzierten duktilen Schädigung auf die Leistungsfähigkeit der tiefgezogenen Blechwerkstücke noch nicht abschließend geklärt ist. Wie in Kapitel 5 gezeigt wurde, ist der Schädigungszustand jedoch maßgeblich von der Veränderung verschiedener Prozessparameter und der Art der Prozessführung beim Tiefziehen abhängig. Aus diesem Grund wird im nächsten

Kapitel, in dem die Übertragbarkeit der gewonnenen Erkenntnisse sowie der Methodik auf einen weiteren Werkstoff untersucht wird, der Fokus ausschließlich auf die induzierte duktile Schädigung gelegt.

7 Überprüfung der Übertragbarkeit auf einen weiteren Werkstoff

Verification of the transferability to another material

Kapitel 5 und Kapitel 6 haben gezeigt, dass der Schädigungszustand maßgeblich durch die Veränderung verschiedener Prozessparameter und die Art der Prozessführung beim Tiefziehen beeinflusst wird. In Kapitel 7 wird nun die Übertragbarkeit der Erkenntnisse bezüglich der Wechselwirkungen zwischen Prozesseinflussgrößen und induzierter duktiler Schädigung auf einen weiteren Werkstoff geprüft. Hierbei liegt dem Kapitel die Forschungsfrage zugrunde **„Inwiefern können die gewonnen Erkenntnisse auf einen weiteren Werkstoff übertragen werden?“.** Um diese Fragestellung zu beantworten, wurden experimentelle Tiefziehversuche mit einer Aluminiumlegierung unter Variation ausgewählter und anhand von Kapitel 5 definierter Prozesseinflussgrößen durchgeführt. Die Auswahl der Prozesseinflussgrößen erfolgte basierend auf den in Kapitel 5 generierten Ergebnissen hinsichtlich der durch das Tiefziehen induzierten duktilen Schädigung. Die resultierenden tiefgezogenen Blechwerkstücke werden hinsichtlich ihres Schädigungszustands quantitativ analysiert. Die Quantifizierung des Schädigungszustands erfolgt mithilfe einer automatisierten Partikelanalyse, die mit energiedispersiver Röntgenspektroskopie gekoppelt wurde. Anschließend erfolgt ein Vergleich mit Blechwerkstücken aus DP800, die unter identischen Prozessbedingungen hergestellt wurden. Aus diesem Vergleich werden Rückschlüsse auf die Übertragbarkeit der Erkenntnisse hinsichtlich der Wechselwirkungen der ermittelten Prozesseinflussgrößen und der induzierten duktilen Schädigung auf andere Werkstoffe gezogen.

7.1 Quantifizierung des Schädigungszustands bei Aluminium

Quantification of the damage state of aluminum

Zur Überprüfung der Übertragbarkeit der Erkenntnisse bezüglich der durch das Tiefziehen induzierten duktilen Schädigung auf einen weiteren Werkstoff wurden experimentelle Tiefziehversuche unter Variation des Matrizenradius r_M durchgeführt. Um möglichst große Unterschiede in der induzierten duktilen Schädigung zu generieren, wurden auf Basis der Erkenntnisse des Kapitels 5 die Matrizenradien $r_M = \{3;9\}$ mm ausgewählt. Zusätzlich wurde der Schädigungszustand im Ausgangswerkstoff vor dem Tiefziehen quantifiziert, da die derzeitigen Erkenntnisse der Schädigungsmechanismen einschließlich der Porennukleation, des Porenwachstums und der Porenkoaleszenz nicht hinreichend genau erforscht und weitestgehend unbekannt sind.

Der Versuchsaufbau wurde analog zur Beschreibung in Kapitel 4.1 gehalten. Der Stempelweg x betrug x = 15 mm. Tiefgezogen wurde die aushärtbare Aluminiumlegierung EN AW 6010 im lösungsgeglühten Zustand, die hauptsächlich in der Bauindustrie und im Fahrzeugbau verwendet wird. Die Legierung gehört zur Gruppe der 6xxxer-Legierungen, die Magnesium und Silizium als Hauptlegierungselemente enthalten, wobei die Bildung bestimmter Phasen entscheidend für die Festigkeit und

Eigenschaften der Legierungen ist. [TEEU23] In 6xxxer-Legierungen gibt es mehrere Hauptphasen, die für die mechanischen Eigenschaften verantwortlich sind. Die primäre Phase ist die Aluminiummatrix, die den Hauptbestandteil der Mikrostruktur bildet. Das Magnesiumsilicid Mg_2Si ist dabei die wichtigste aushärtbare Phase, entsteht durch die Reaktion von Magnesium und Silizium und kann durch Ausscheidungshärtung zu einer deutlichen Festigkeitssteigerung der Legierungen führen. Eine weitere häufige Phase ist die Al-Fe-Si-Phase, die durch die Verbindung von Eisen und Silizium entsteht und sich meist an den Korngrenzen abscheidet [TOTT18]. In Legierungen mit Kupferzusätzen kann zusätzlich die Q-Phase auftreten, die die Aushärtungseigenschaften weiter verbessert [HOLM10]. Neben diesen Phasen können unerwünschte Silikate entstehen, wenn das Verhältnis von Magnesium zu Silizium nicht ideal ist. Die Silikate wirken spröde und verschlechtern die mechanischen Eigenschaften der Legierung [TOTT18].

Zur detaillierten Auswertung des Schädigungszustands wurden je Variation des Matrizenradius r_M REM-Aufnahmen am Gemeinschaftslabor für Elektronenmikroskopie (GFE) der RWTH Aachen angefertigt. Hierfür wurden die Blechwerkstücke analog zu Kapitel 5.2 zunächst entlang der Auswerteebene getrennt. Anschließend wurden die Teilstücke aus EN AW 6010, anders als der DP800, mittels Ionenpolitur bearbeitet, um zu vermeiden, dass sich der Werkstoff durch die adhäsive Neigung von Aluminium in den Poren festsetzt, sodass diese unkenntlich für die Analyse sind. Die im Anschluss erfolgten Aufnahmen wurden mit einem Feldemissions-REM GeminiSEM 300 angefertigt. Die Beschleunigungsspannung wurde auf 10 kV bei einer Überlappung von 20 % festgelegt. Die Bildauflösung betrug 1024 Pixel pro 81,2 µm. Analog zur Quantifizierung des Schädigungszustands im Kapitel 5 wurde auch die Aluminiumlegierung auf der Auswerteebene der jeweiligen Geometrie aufgenommen. Die Messfläche beschränkte sich dabei auf ~0,8 mm^2.

Zur Quantifizierung der duktilen Schädigung wurde eine automatisierte Partikelanalyse mittels energiedispersiver Röntgenspektroskopie (EDX) eingesetzt, die in der Lage ist duktile Schädigung und Einschlüsse ortsaufgelöst zu detektieren. Zum Einsatz kam die Software AZtec. Die automatisierte Partikelanalyse mittels EDX ist eine moderne Technik zur Untersuchung der chemischen Zusammensetzung und Struktur von Partikeln auf mikroskopischer Ebene. Die Methode wird dabei häufig eingesetzt, um unterschiedliche Partikel zu identifizieren und ihre Zusammensetzung zu analysieren. EDX basiert auf der Wechselwirkung von Elektronen mit einem Material. Ein Elektronenstrahl wird auf eine Probe fokussiert, wodurch Atome im Material angeregt werden. Diese angeregten Atome geben charakteristische Röntgenstrahlung ab, die durch einen Detektor gemessen wird. Die Energie der Röntgenstrahlen ist spezifisch für die Elemente, die in der Probe vorhanden sind, sodass Rückschlüsse auf die chemische Zusammensetzung gezogen werden können. In der automatisierten Partikelanalyse wird die EDX-Technik mit einem REM kombiniert. Dabei werden automatisch viele Partikel auf einer Probenoberfläche detektiert, analysiert und klassifiziert. Der Prozess läuft dabei in der Regel wie folgt ab:

1. Bildaufnahme

2. Graustufenabgleich und Partikeldetektion
3. EDX-Messungen
4. Analyse und Klassifizierung der Partikel

Die in dieser Arbeit verwendete Methodik zur Quantifizierung der duktilen Schädigung basiert auf der von Dunlap entwickelten Methodik [DUNL23] und wurde vom GFE entsprechend für die Aluminiumlegierung EN AW 6010 adaptiert. Die Partikeldetektion beruht auf Graustufenschwellwerten von Rückstreuelektronenbildern. Die Helligkeits- und Kontrastwerte wurden dabei mithilfe einer Kalibrierung an Referenzmaterialien, hier reines Kupfer und die Aluminiumlegierung AlMg3, konstant gehalten, um eine zuverlässige Vergleichbarkeit zu gewährleisten. Das Ergebnis einer jeden Messung ist eine Tabelle mit allen Partikeln, deren Morphologie und chemischer Zusammensetzung, die anschließend klassifiziert wird. Im Gegensatz zu dem in Kapitel 5.2 beschriebenen Machine Learning Algorithmus, der auf Deep Learning basiert, ist die automatisierte Partikelanalyse mittels EDX derzeit noch nicht in der Lage, zwischen verschiedenen Schädigungsmechanismen zu klassifizieren. Während der Machine Learning Algorithmus also komplexe Muster erkennen und detaillierte Klassifikationen vornehmen kann, beschränkt sich die EDX-Analyse auf die Unterscheidung spezifischer Partikelarten. Allerdings können mit der EDX-Methode freie Poren sowie Poren, die an Al-Fe-Si-Phasen gebunden sind, erfolgreich differenziert werden. Weiterhin werden Poren klassifiziert, die als solche erkannt werden, jedoch nicht zugeordnet werden können, ähnlich dem Notch-Effekt.

Erste Untersuchungen, die am GFE durchgeführt wurden, haben bereits gezeigt, dass bei Aluminiumlegierungen der Gruppe 6xxx insbesondere die Dekohäsion und Brüche der Al-Fe-Si-Phase sowie das Auftreten freier Poren maßgeblich für den Porenflächenanteil verantwortlich sind. Auszüge aus den Ergebnissen, die in Abbildung 7.1 dargestellt werden, legen nahe, dass genau diese Mechanismen eine wichtige Rolle bei der Entstehung und dem Wachstum von Poren in der untersuchten Werkstoffklasse spielen. [HEIS25]

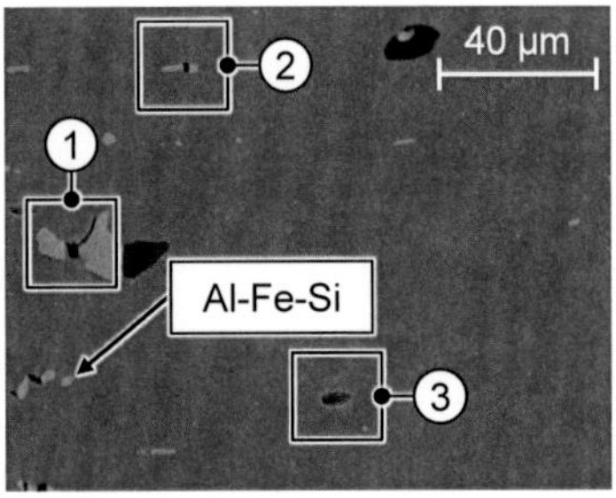

Abbildung 7.1: Typische Schädigungsklassen und -mechanismen bei Aluminiumlegierungen der Gruppe 6xxx, 1: Dekohäsion der Al-Fe-Si-Phase, 2: Bruch der Al-Fe-Si-Phase, 3: freie Pore

Typical damage mechanisms in aluminum alloys of group 6xxx, 1: decohesion of Al-Fe-Si-Phase, 2: breakage of Al-Fe-Si-Phase, 3: free void

7.2 Experimentelle Analyse des Schädigungszustands

Experimental analysis of the damage state

Abbildung 7.2 zeigt die Quantifizierung der induzierten duktilen Schädigung bei Variation des Matrizenradius r_{M} nach dem Tiefziehen der rechteckigen Geometrie unter Verwendung von EN AW 6010, wobei die Analyse am Referenzpunkt durchgeführt wurde. Im Vergleich zum Ausgangszustand vor dem Tiefziehen weist die Porengrößenverteilung des Matrizenradius r_{M} von r_{M} = 3 mm nach dem Tiefziehen eine feinere Porengrößenverteilung in Form von kleineren Poren auf. Die absolute Anzahl an Poren $n_{\sum \mathrm{Pore}}$ ist zudem um 112 % größer. Der Porenflächenanteil $A_{\sum \mathrm{Pore}}$ steigt durch das Tiefziehen mit einem Matrizenradius r_{M} von r_{M} = 3 mm um 46,21 %. Bei Betrachtung der Porengrößenverteilung hinsichtlich der Porenklasse zeigt sich, dass beim Ausgangszustand Poren mit einer Porengröße A_{Pore} von A_{Pore} = 0 - 5 µm^2 durch die Klasse der weiteren Poren dominiert wird. Über einer Porengröße A_{Pore} von A_{Pore} > 5 µm^2 sind hingegen die freien Poren am häufigsten vertreten. Beim Matrizenradius r_{M} von r_{M} = 3 mm treten bei Poren mit einer Porengröße A_{Pore} von A_{Pore} = 0 - 5 µm^2 insbesondere Poren der Al-Fe-Si-Phase auf. Hingegen sind analog zum Ausgangszustand über einer Porengröße A_{Pore} von A_{Pore} > 5 µm^2 die freien Poren am häufigsten. Im Vergleich zum Referenzprozess mit einem Matrizenradius r_{M} von r_{M} = 3 mm zeigt der Matrizenradius r_{M} von r_{M} = 9 mm eine ähnliche Porengrößenverteilung auf. Die absolute Anzahl an Poren $n_{\sum \mathrm{Pore}}$ ist um 31,42 % geringer bei einem um 25,71 % kleineren Porenflächenanteil $A_{\sum \mathrm{Pore}}$. Analog zum Matrizenradius r_{M} von r_{M} = 3 mm treten auch beim Matrizenradius r_{M} von r_{M} = 9 mm bei einer Porengröße von A_{Pore} = 0 - 5 µm^2 am häufigsten Poren an der Al-Fe-Si-Phase auf. Über einer Porengröße A_{Pore} von A_{Pore} > 5 µm^2 dominieren ebenfalls die freien Poren.

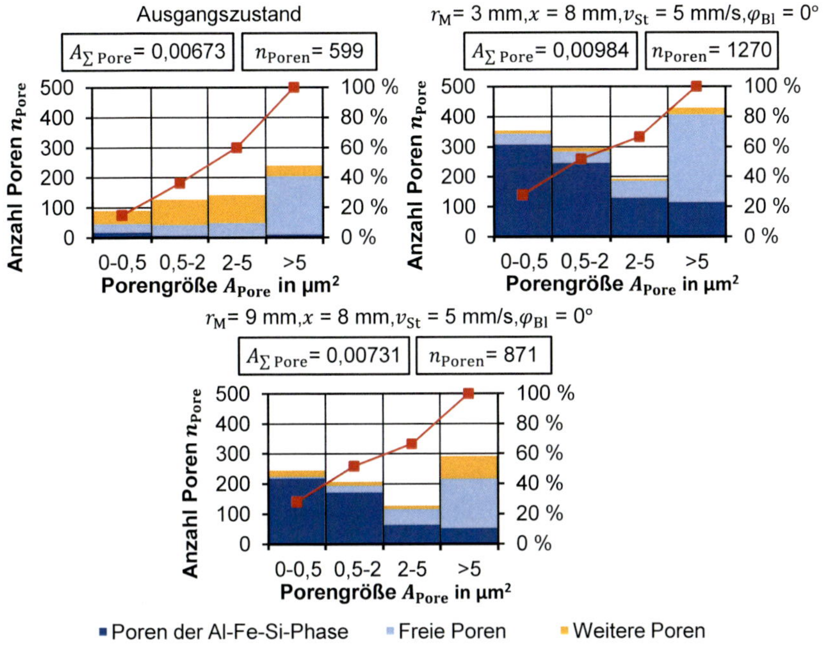

r_M: Matrizenradius, x: Stempelweg, v_{St}: Stempelgeschwindigkeit, φ_{Bl}: Walzrichtung des Blechzuschnitts relativ zu den Werkzeugelementen, n_{Poren}: absolute Anzahl an Poren, $A_{\sum Pore}$: Porenflächenanteil

Abbildung 7.2: Porengrößenverteilung bei Variation des Matrizenradius r_M nach dem Tiefziehen der rechteckigen Geometrie unter Verwendung von EN AW 6082

Void size distribution with variation of the die radius r_M after deep drawing of the rectangular geometry using EN AW 6010

Abbildung 7.3 ist der prozentuale Anteil der Schädigungsmechanismen an der Porenfläche und der Anzahl der Poren nach dem Tiefziehen der rechteckigen Geometrie unter Verwendung von EN AW 6010 am Referenzpunkt gezeigt, wobei der Matrizenradius r_M variiert wurde. Der höchste prozentuale Anteil der Schädigungsmechanismen bezogen auf die Porenfläche entfällt sowohl beim Ausgangszustand als auch nach dem Tiefziehen mit den Matrizenradien r_M = {3, 9} mm auf die freien Poren.

Im Vergleich zum Ausgangszustand steigt beim Matrizenradius r_M von r_M = 3 mm der prozentuale Anteil der Poren der Al-Fe-Si-Phase an der Porenfläche, während sich sowohl der Anteil der freien Poren als auch der prozentuale Anteil der weiteren Poren reduziert. Beim Matrizenradius r_M von r_M = 9 mm sinkt, verglichen mit dem Matrizenradius r_M von r_M = 3 mm, der prozentuale Anteil der Poren der Al-Fe-Si-Phase sowie der freien an der Porenfläche. Hingegen steigt der prozentuale Anteil der weiteren Poren an der Porenfläche. Bei Betrachtung der prozentualen Anteile der Schädigungsmechanismen an der Anzahl der Poren zeigt sich, dass im Ausgangszustand die freien

Poren den größten Anteil stellen, während nach dem Tiefziehen mit den Matrizenradien r_M = {3, 9} die Poren der Al-Fe-Si-Phase dominieren. Beim Matrizenradius r_M von r_M = 3 mm sind weiterhin die Poren an der Al-Fe-Si-Phase in höherer Anzahl als im Ausgangszustand vertreten. Zeitgleich sinkt der prozentuale Anteil der freien Poren und der weiteren Poren. Beim Vergleich des Matrizenradius r_M von r_M = 9 mm mit dem Matrizenradius r_M von r_M = 3 mm zeigt sich hingegen, dass die Anzahl der Poren an der Al-Fe-Si-Phase sowie der weiteren Poren zunimmt, während die Anzahl der freien Poren sinkt.

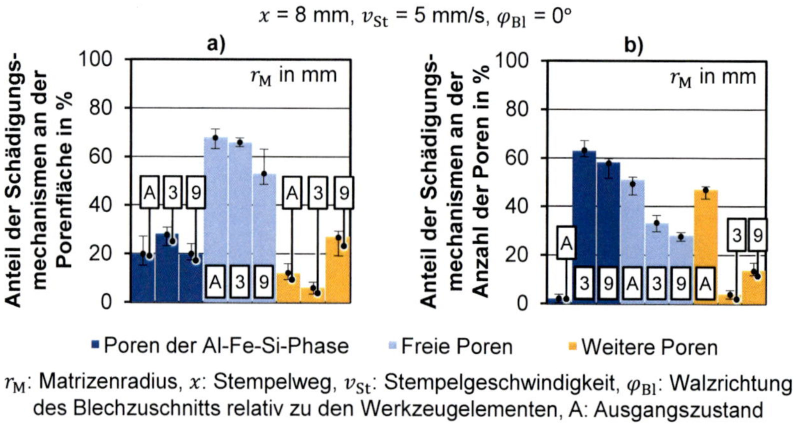

Abbildung 7.3: Anteil der Schädigungsmechanismen an a) der Porenfläche und b) der Anzahl der Poren bei Variation des Matrizenradius r_M nach dem Tiefziehen der rechteckigen Geometrie unter Verwendung von EN AW 6082

Ratio of the damage mechanisms of a) the void area and b) the number of voids with variation of the die radius r_M after deep drawing of the rectangular geometry using EN AW 6010

7.3 Fazit zu der Übertragbarkeit

Conclusion of transferability

Die induzierte duktile Schädigung im Blechwerkstück nach dem Tiefziehen stellt nicht nur eine erhebliche Herausforderung für den Herstellungsprozess dar, sondern bietet auch die Chance, das Leichtbaupotenzial von Bauteilen weiter zu erschließen, nicht nur bei Verwendung von DP800. Mithilfe experimenteller Untersuchungen und einer adaptierten Methode zur Quantifizierung des Schädigungszustands des GFE wurde im vorangegangenen Kapitel die durch das Tiefziehen in das Blechwerkstück induzierte duktile Schädigung untersucht. Als Blechwerkstoff wurde die Aluminiumlegierung EN AW 6010 verwendet. Dazu wurden auf Basis von Kapitel 5 ausgewählte Prozesseinflussgrößen variiert, um den Einfluss auf die induzierte duktile Schädigung quantitativ zu analysieren und eine Übertragbarkeit der Erkenntnisse aus den vorangegangenen Kapiteln hinsichtlich des Schädigungszustands nach dem Tiefziehen zu überprüfen.

Die durchgeführten Untersuchungen zur Quantifizierung der induzierten duktilen Schädigung bei Variation des Matrizenradius r_{M} nach dem Tiefziehen der Aluminiumlegierung EN AW 6010 verdeutlichen, dass der Matrizenradius einen signifikanten Einfluss auf den Schädigungszustand besitzt. Es konnte nachgewiesen werden, dass die in Kapitel 5 gewonnen Erkenntnisse, die sich auf den Werkstoff DP800 fokussierten, qualitativ auch auf weitere Werkstoffe übertragbar sind, insbesondere hinsichtlich des Porenflächenanteil $A_{\sum \mathrm{Pore}}$. So führt ein Matrizenradius r_{M} von r_{M} = 3 mm zu einem höheren Porenflächenanteil $A_{\sum \mathrm{Pore}}$ als ein Matrizenradius r_{M} von r_{M} = 9 mm.

Gezeigt wurde weiterhin, dass im Ausgangszustand des Blechwerkstoffs vor dem Tiefziehen fast ausschließlich freie Poren den Schädigungszustands dominieren, sowohl hinsichtlich des prozentualen Anteils der Porenfläche als auch der Anzahl der Poren. Nachdem Tiefziehen nimmt der prozentuale Anteil der Poren an der Al-Fe-Si-Phase an der Porenfläche und der Anzahl der Poren signifikant zu. Dies lässt darauf schließen, dass freie Poren überwiegend in vorangelagerten Prozessschritten, wie dem Gießen, entstehen. Poren an der Al-Fe-Si-Phase hingegen entstehen primär erst durch den Tiefziehprozess. Dabei sind die freien Poren im Vergleich zu Poren an der Al-Fe-Si-Phase deutlich größer.

Unabhängig davon, ob der Blechwerkstoff im Ausgangszustand oder nach dem Tiefziehen hinsichtlich der induzierten duktilen Schädigung analysiert wurde, bleibt der prozentuale Anteil der Porenfläche von den freien Poren dominiert. Dies wirft die Frage auf, ob die durch das Tiefziehen entstehenden Poren an der Al-Fe-Si-Phase möglicherweise eine untergeordnete Rolle spielen. Ein großer Hebel zur Reduzierung des Porenflächenanteils $A_{\sum \mathrm{Pore}}$ könnte daher bereits in vorgelagerten Prozessschritten ansetzen, indem die Entstehung freier Poren vermieden werden.

Damit wurde **Forschungsfrage 4** beantwortet, inwiefern die gewonnen Erkenntnisse und die Methodik auf einen weiteren Werkstoff übertragen werden können. Die Übertragbarkeit der Erkenntnisse bezüglich der Wechselwirkungen zwischen Prozesseinflussgrößen und induzierter duktiler Schädigung auf einen weiteren Werkstoff ist qualitativ hinsichtlich des Porenflächenanteil $A_{\sum \mathrm{Pore}}$ gegeben.

8 Zusammenfassung und Ausblick

Summary and outlook

Die Erreichung der Klimaziele wird für den Industriestandort Deutschland immer wichtiger. Vor diesem Hintergrund ist eine nachhaltige und ressourceneffiziente Produktion erforderlich, bei der die Automobilindustrie als Schlüsselbranche eine Vorreiterrolle einnehmen muss. Trotz bereits ergriffener Maßnahmen sind die CO_2-Emissionen im Verkehrssektor seit 1990 nahezu konstant geblieben [STAT24b]. Dies ist vor allem auf die Zunahme der Anzahl [STAT24a] und des Gewichts der Fahrzeuge zurückzuführen [STAT22], die zu einem höheren Kraftstoffverbrauch führen. Das steigende Fahrzeuggewicht ist eng mit dem zunehmenden Einsatz von Stahl verbunden, der aufgrund steigender Komfort- und Sicherheitsanforderungen notwendig ist und die CO_2-Emissionen der Stahlindustrie weiter erhöht. Darüber hinaus ist die Automobilindustrie mit steigenden Stahlpreisen konfrontiert, die auf Handelsbeschränkungen und geopolitische Spannungen zurückzuführen sind und die Produktionskosten erhöhen [STAT23]. Eine vielversprechende Strategie zur Bewältigung der genannten Herausforderungen ist der Leichtbau, der durch den Einsatz hochfester Stähle eine Bauteiloptimierung, Werkstoffeinsparung und Gewichtsreduzierung ermöglicht, ohne die Sicherheitsanforderungen zu vernachlässigen [BUND23]. Die durch Fertigungsverfahren im Werkstück induzierte duktile Schädigung stellt hierbei sowohl eine erhebliche Herausforderung für den Fertigungsprozess als auch ein bedeutendes Potenzial zur Optimierung der Leichtbauweise dar [TEKK20]. Ein tiefgehendes Verständnis der duktilen Schädigung ist dabei entscheidend, um Fertigungsverfahren gezielt zu modifizieren und so Werkstoffeinsparungen im Sinne des Leichtbaus zu realisieren. Aus diesem Grund wurde mit dieser Forschungsarbeit ein Beitrag zum Verständnis der durch den Fertigungsprozess induzierten duktilen Schädigung im Blechwerkstoff geleistet. Der Forschungsarbeit liegt die Forschungshypothese zugrunde, dass **die Bauteilleistungsfähigkeit von tiefgezogenen Werkstücken aus Dualphasenstahl DP800 kann in Abhängigkeit von den Wechselwirkungen zwischen den Prozesseinflussgrößen und der durch die Umformung induzierten duktilen Schädigung beim Tiefziehen gesteigert werden kann.**

Im ersten von vier Schritten wurden Prozesseinflussgrößen beim Tiefziehen variiert und der Einfluss auf die dadurch entstehenden Lastpfade in Form von ausgewählten Spannungs- und Dehnungsgrößen an einem Referenzpunkt numerisch untersucht. Dazu wurde die Forschungsfrage beantwortet: *Welchen Einfluss besitzen die Prozesseinflussgrößen auf die Lastpfade?* Die Untersuchungen, die für den Tiefziehprozess einer rechteckigen Geometrie und eines U-Profils durchgeführt wurden, zeigten, dass der Matrizenradius r_{M} insbesondere die plastischen Vergleichsformänderungen φ_{pl} beeinflusst, was zu einer veränderten Blechausdünnung im betrachteten Referenzpunkt führt. Im Gegensatz dazu führt die Prozessführung zu unterschiedlichen Spannungszuständen.

Im zweiten Schritt wurde untersucht, inwiefern die durch Variation der Prozesseinflussgrößen entstehenden Lastpfade, die beim Tiefziehen induzierte duktile Schädigung beeinflussen. Dazu wurde die Forschungsfrage beantwortet: *Welchen Einfluss besitzen die Lastpfade, auf die beim Tiefziehen induzierte duktile Schädigung?* Gezeigt wurde, dass durch die Variation der Prozesseinflussgrößen eine andere plastische Vergleichsformänderung φ_{pl} resultiert, die einen Einfluss auf die prozentualen Anteile der Schädigungsmechanismen an der Porenfläche sowie den Porenflächenanteile $A_{\sum \mathrm{Pore}}$ nimmt. Die Walzrichtung hingegen beeinflusst insbesondere den Porenflächenanteile $A_{\sum \mathrm{Pore}}$.

Im dritten Schritt wurde die Leistungsfähigkeit von tiefgezogenen Blechwerkstücken quantifiziert, um die Forschungsfrage zu beantworten: *Welchen Einfluss besitzen die unterschiedlichen Lastpfade und die dadurch induzierte duktile Schädigung auf die Leistungsfähigkeit der tiefgezogenen Blechwerkstücke?* Anhand von gekerbten Zugproben im Zugversuch wurde gezeigt, dass die Kraft-Weg-Verläufe eine deutliche Streuung aufweisen und kein eindeutiger Zusammenhang zwischen duktiler Schädigung und Leistungsfähigkeit identifiziert werden konnte. Neben den variierenden plastischen Vergleichsformänderungen φ_{pl} wirken auch weitere Einflussfaktoren, wie die Umkehr der Belastungsrichtung, auf die Leistungsfähigkeit, was eine eindeutige Interpretation der Ergebnisse erschwert.

Im vierten Schritt wurde ein weiterer Werkstoff mit ausgewählten Prozesseinflussgrößen tiefgezogen, um die Forschungsfrage zu beantworten: *Inwiefern können die gewonnen Erkenntnisse auf einen weiteren Werkstoff übertragen werden?* Anhand von Tiefziehversuchen mit der Aluminiumlegierung EN AW 6010 wurde gezeigt, dass die Übertragbarkeit der Erkenntnisse bezüglich der Wechselwirkungen zwischen Prozesseinflussgrößen und induzierter duktiler Schädigung auf einen weiteren Werkstoff qualitativ hinsichtlich des Porenflächenanteil $A_{\sum \mathrm{Pore}}$ gegeben ist und die Methodik übertragbar ist.

Das Forschungsziel die **Mechanismen der duktilen Schädigung bei der Umformung zu verstehen, die Schädigungsevolution von Dualphasenstahl DP800 quantitativ vorherzusagen und Schädigungszustände im Hinblick auf die Bauteilleistungsfähigkeit von tiefgezogenen Werkstücken gezielt einzustellen** wurde entsprechend teilweise erreicht. Jedoch schränken die signifikanten Unterschiede in der plastischen Vergleichsformänderung φ_{pl} sowie die Superposition weitere Einflussfaktoren die Möglichkeiten zur gezielten Einstellung der Schädigungszustände zum derzeitigen Zeitpunkt ein, da die Einflussfaktoren nicht isoliert und unabhängig voneinander analysiert werden können. Dafür sind zunächst weitere Forschungsschwerpunkte zu untersuchen.

Ausblick

Der Einfluss der Prozesseinflussgrößen auf den Schädigungszustand und die Bauteilleistungsfähigkeit wurden in der vorliegenden Arbeit aufgezeigt. Dazu wurden umfangreiche numerische und experimentelle Untersuchungen durchgeführt, die für zukünftige Forschungsarbeiten und industrielle Anwendungen ein vielversprechendes Potenzial darlegen, den Schädigungszustand für Leichtbauweise gezielt zu nutzen. Hierfür gilt es die gewonnenen Ergebnisse in nachhaltigere Produktionsprozesse zu integrieren, die sowohl wirtschaftlich als auch ökologisch optimiert sind. Ein tiefergehendes Verständnis der Wechselwirkungen zwischen Prozesseinflussgrößen und der duktilen Schädigung ermöglicht es dabei, Fertigungsverfahren gezielt anzupassen und Werkstoffeinsparungen zu realisieren, ohne dabei die Sicherheitsanforderungen zu gefährden.

Trotz der in dieser Arbeit gewonnenen Erkenntnisse bleiben jedoch noch offene Fragen und Herausforderungen bestehen, die weiter zu untersuchen sind. Ein zentrales Defizit liegt darin, dass nicht alle Prozesseinflussgrößen numerisch vollständig abgebildet werden konnten. Dies lässt Raum für Erweiterungen der eingesetzten Werkstoffmodelle, um den Einfluss entsprechender Prozesseinflussgrößen auf die Lastpfade beim Tiefziehen hinreichend genau zu verstehen und den Schädigungszustand numerisch vorherzusagen. Darüber hinaus wurde zwar der Einfluss der Walzrichtung φ_{Bl} auf die induzierte duktile Schädigung quantifiziert. Die zugrunde liegenden Mechanismen, die zu den unterschiedlichen Porenflächenanteilen $A_{\sum \mathrm{Pore}}$ führen, gilt es jedoch in weiteren Untersuchungen detaillierter zu erforschen. Auch im Bereich der Leichtbauwerkstoffe und der untersuchten Aluminiumlegierung ergibt sich noch weiterer Forschungsbedarf. Die Schädigungsmechanismen von Aluminiumlegierungen sind bisher nicht ausreichend untersucht, um eine umfassende Optimierung des Tiefziehprozesses für diesen Werkstoff zu ermöglichen. Zukünftige Arbeiten sollten daher den Fokus verstärkt auf die Analyse und das Verständnis der Schädigungsevolution in Aluminium legen, um den Einsatz dieses Werkstoffs im Leichtbau weiter voranzutreiben.

Summary and Outlook

Achieving climate targets is becoming increasingly important for Germany as an industrial location. In this context, sustainable and resource-efficient production is required, in which the automotive industry, as a key sector, must play a pioneering role. Despite measures already taken, CO_2-emissions in the transport sector have remained almost constant since 1990 [STAT24b]. This is primarily due to the increasing number [STAT24a] and weight of vehicles [STAT22], which leads to higher fuel consumption. The increasing vehicle weight is closely linked to the increasing use of steel, which is necessary due to rising comfort and safety requirements and further increases CO_2 emissions in the steel industry. Additionally, the automotive industry is faced with rising steel prices due to trade restrictions and geopolitical tensions, which increase production costs [STAT23]. A promising strategy for overcoming the challenges mentioned is lightweight design, which enables component optimization, material savings and weight reduction through the use of high-strength steels without neglecting safety requirements [BUND23]. The ductile damage induced in the workpiece by manufacturing processes represents both a considerable challenge for the manufacturing process and a significant potential for optimizing lightweight design [TEKK20]. An in-depth understanding of ductile damage is crucial in order to modify manufacturing processes in a targeted manner and thus realize material savings in terms of lightweight design. For these reasons, the present research work contributes to the understanding of the ductile damage induced by the manufacturing process in the sheet metal material. The research work is based on the research hypothesis that **the component performance of deep-drawn workpieces made of DP800 dual-phase steel can be increased depending on the interactions between the process influencing parameters and the ductile damage induced by the forming process during deep drawing.**

In the first of four steps, process influencing parameters during deep drawing were varied and the influence on the resulting load paths in the form of selected stress and strain variables was analysed numerically at a reference point. The research question was answered: *What influence do the process influencing parameters have on the load paths?* The investigations, which were carried out for the deep drawing process of a rectangular geometry and a U-profile, showed that the die radius r_M particularly influences the comparative plastic deformation φ_{pl} changes, which leads to a change in sheet thinning at the considered reference point. In contrast, the process setup leads to different stress states.

The second step was to investigate the extent to which the load paths resulting from the variation of the process parameters affect the ductile damage induced during deep drawing. To this end, the following research question was answered: *What influence do the load paths have on the ductile damage induced during deep drawing?* It was shown that the comparative plastic deformation φ_{pl} resulting from the variation of the process influencing parameters has an influence on the percentage of the damage mechanisms of the void area . The rolling direction, on the other hand, influences the void area fraction $A_{\sum \mathrm{Pore}}$ with a constant resulting comparative plastic deformation φ_{pl} and percentage of the damage mechanisms of the void area.

In the third step, the performance of deep-drawn sheet metal workpieces was quantified in order to answer the research question: *What influence do the different load paths and the resulting induced ductile damage have on the performance of the deep-drawn sheet metal workpieces?* Using notched tensile specimens in the tensile test, it was shown that the force-displacement curves exhibit a significant scatter and no clear correlation between ductile damage and performance could be identified. In addition to the varying comparative plastic deformation φ_{pl}, other influencing factors, such as the reversal of the load direction, also have an effect on the performance, which makes a clear interpretation difficult.

In the fourth step, different material was deep-drawn with selected process influencing parameters in order to answer the research question: *To what extent can the knowledge gained be transferred to another material?* By means of deep drawing tests with the aluminum alloy EN AW 6010, it was shown that the transferability of the findings regarding the interactions between process influencing parameters and induced ductile damage to a different material is qualitatively given with regard to the void area fraction $A_{\sum \mathrm{Pore}}$.

The research objective to **understand the mechanisms of ductile damage of dual-phase steel DP800 during forming, to quantitatively predict the damage evolution and to specifically adjust damage conditions with regard to the component performance of deep-drawn workpieces** was partially achieved. However, the significant differences in the comparative plastic deformation φ_{pl} and the superposition of other influencing factors limit the possibilities for targeted adjustment of the damage states at present, as the influencing factors cannot be analyzed in isolation and independently of each other. To this end, further research objectives must first be investigated.

Outlook

The influence of the process influencing parameters on the damage state and the component performance were demonstrated in the present work. Extensive numerical and experimental investigations were carried out for this purpose, which show promising potential for future research work and industrial applications to utilize the damage state for lightweight design in a targeted manner. To this end, the results obtained need to be integrated into more sustainable production processes that are both economically and ecologically optimized. A deeper understanding of the interactions between process influencing parameters and ductile damage enables production processes to be specifically adapted and material savings to be realized without compromising safety requirements.

Despite the findings of this work, there are still open questions and challenges that need to be further investigated. A key shortcoming is that not all process influencing variables could be fully modelled numerically. This leaves room for further extensions of the material models used to understand the influence of the corresponding process parameters on the load paths during deep drawing with sufficient accuracy and to numerically predict the damage state. In addition, the influence of the rolling direction φ_{Bl} on the induced ductile damage was quantified. However, the underlying mechanisms leading to the different void area fraction $A_{\sum \mathrm{Pore}}$ need to be investigated in more detail in further studies. There is also a need for further research in the field of lightweight materials and the aluminum alloy under investigation. The damage mechanisms of aluminum alloys have not been sufficiently investigated to allow a comprehensive optimization of the deep drawing process for this material. Future work should therefore focus more on analyzing and understanding the evolution of damage in aluminum in order to further advance the use of this material in lightweight design

9 Literaturverzeichnis

Bibliography

[ABAQ23] Abaqus User Manual. URL: https://classes.engineering.wustl.edu/2009/spring/mase5513/abaqus/docs/v6.6/books/gsx/default.htm?startat=ch07s03.html [Stand: 20.02.2025]

[ABBA19] Abbadeni, M.; Zidane, I.; Zahloul, H.; Madaoui, Z.: Comparative study of conventional and hydromechanical deep drawing processes based on finite element analysis. In: Frattura ed Integrità Strutturale, 2019, S. 282–290

[AHMA00] Ahmad, E.; Manzoor, T.; Ali, K. L.; Akhter, J. I.: Effect of Microvoid Formation on the Tensile Properties of Dual-Phase Steel. In: Journal of Materials Engineering and Performance, 2000, S. 306–310

[AHME95] Ahmetoglu, M.; Broek, T. R.; Kinzel, G.; Altan, T.: Control of Blank Holder Force to Eliminate Wrinkling and Fracture in Deep-Drawing Rectangular Parts. In: CIRP Annals, 1995, S. 247–250

[ARGO75] Argon, A. S.; Im, J.; Safoglu, R.: Cavity formation from inclusions in ductile fracture. In: Metallurgical Transactions A, 1975, S. 825–837

[ASAD12] Asadi, M.; Cooman, B. C. de; Palkowski, H.: Influence of martensite volume fraction and cooling rate on the properties of thermomechanically processed dual phase steel. In: Materials Science and Engineering: A, 2012, S. 42–52

[AVRA09] Avramovic-Cingara, G.; Ososkov, Y.; Jain, M. K.; Wilkinson, D. S.: Effect of martensite distribution on damage behaviour in DP600 dual phase steels. In: Materials Science and Engineering: A, 2009, S. 7–16

[AWF54] AWF: Blatt 5791 - Zuschnittermittlung prismatischer Hohlkörper: Tiefziehen, 1954

[BABO04] Babout, L.; Brechet, Y.; Maire, E.; Fougères, R.: On the competition between particle fracture and particle decohesion in metal matrix composites. In: Acta Materialia, 2004, S. 4517–4525

[BAI08] Bai, Y.; Wierzbicki, T.: A new model of metal plasticity and fracture with pressure and Lode dependence. In: International Journal of Plasticity, 2008, S. 1071–1096

[BAO04] Bao, Y.; Wierzbicki, T.: On fracture locus in the equivalent strain and stress triaxiality space. In: International Journal of Mechanical Sciences, 2004, S. 81–98

[BAO05] Bao, Y.: Dependence of ductile crack formation in tensile tests on stress triaxiality, stress and strain ratios. In: Engineering Fracture Mechanics, 2005, S. 505–522

[BARS07] Barsoum, I.; Faleskog, J.: Rupture mechanisms in combined tension and shear - Micromechanics. In: International Journal of Solids and Structures, 2007, S. 5481–5498

[BART04] Bartz, W. J.: Tribologie und Schmierung bei der Massivumformung. (Reihe: Handbuch der Tribologie und Schmierungstechnik, Renningen: Expert Verlag, 2004

[BASA11] Basaran, M.: Stress state dependent damage modeling with a focus on the lode angle influence, Dissertation, RWTH Aachen, 2011

[BENZ10] Benzerga, A. A.; Leblond, J.-B.: Ductile Fracture by Void Growth to Coalescence. In: Advances in Applied Mechanics, 2010, S. 169–305

[BESS10] Besson, J.: Continuum Models of Ductile Fracture: A Review. In: International Journal of Damage Mechanics, 2010, S. 3–52

[BIEL09] Bieler, T. R.; Eisenlohr, P.; Roters, F.; Kumar, D.; Mason, D. E.; Crimp, M. A.; Raabe, D.: The role of heterogeneous deformation on damage nucleation at grain boundaries in single phase metals. In: International Journal of Plasticity, 2009, S. 1655–1683

[BIRK13] Birkert, A. Rüdiger; Haage, S.; Straub, M.: Umformtechnische Herstellung komplexer Karosserieteile: Auslegung von Ziehanlagen, Berlin, Heidelberg: Springer Vieweg, 2013

[BRID45] Bridgman, P.: Effects of high hydrostatic pressure on the plastic properties of metals. In: Reviews of modern physics, 1945

[BROZ72] Brozzo, B.; Deluca, B.; Rendina, R.: A New Method For The Prediction Of Formability Limits In Metal Sheets. In: Sheet Metal Forming and Formability: Proceedings of the 7th biennial Conference of the International Deep Drawing Research group, 1972

[BUND23] Bundesministerium für Wirtschaft und Klimaschutz: Leichtbau. URL: https://www.bmwk.de/Redaktion/DE/Dossier/leichtbau.html [Stand: 20.02.2025]

[CALC10a] Calcagnotto, M.; Ponge, D.; Demir, E.; Raabe, D.: Orientation gradients and geometrically necessary dislocations in ultrafine grained dual-phase steels studied by 2D and 3D EBSD. In: Materials Science and Engineering: A, 2010, S. 2738–2746

[CALC10b] Calcagnotto, M.; Ponge, D.; Raabe, D.: Effect of grain refinement to 1µm on strength and toughness of dual-phase steels. In: Materials Science and Engineering: A, 2010, S. 7832–7840

[CHOW87] Chow, C. L.; Wang, J.: An anisotropic theory of continuum damage mechanics for ductile fracture. In: Engineering Fracture Mechanics, 1987, S. 547–558

[CLAU20] Clausmeyer, T.; Schowtjak, A.; Wang, S.; Gitschel, R.; Hering, O.; Pavliuchenko, P.; Lohmar, J.; Ostwald, R.; Hirt, G.; Tekkaya, A. E.: Prediction of Ductile Damage in the Process Chain of Caliber Rolling and Forward Rod Extrusion. In: Procedia Manufacturing, 2020, S. 649–655

[COCK68] Cockcroft: Ductility And Workability Of Metals. In: Journal of the Institute of Metals, 1968, S. 33

[COLG03] Colgan, M.; Monaghan, J.: Deep drawing process: analysis and experiment. In: Journal of Materials Processing Technology, 2003, S. 35–41

[COUL21] Coulomb, C.-A. de: Théorie des machines simples, Paris: Hachette Livres; Bibliothèque Nationale de France, 1821

[COX74] Cox, T. B.; Low, J. R.: An investigation of the plastic fracture of AISI 4340 and 18 Nickel-200 grade maraging steels. In: Metallurgical transactions, 1974, S. 1457–1470

[CZIC15] Czichos, H.; Habig, K.-H.: Tribologie-Handbuch: Tribometrie, Tribomaterialien, Tribotechnik. Aufl. 4, Wiesbaden: Springer Vieweg, 2015

[DANA11] Danas, K.; Ponte Castañeda, P.: Influence of the Lode parameter and the stress triaxiality on the failure of elasto-plastic porous materials. In: International Journal of Solids and Structures, 2011, S. 1325–1342

[DIET18] Dietrich, J.: Praxis der Umformtechnik: Umform- und Zerteilverfahren, Werkzeuge, Maschinen. Aufl. 12, Wiesbaden: Springer Vieweg, 2018

[DIN03] Deutsches Institut für Normung: DIN 8584 - Fertigungsverfahren Zugdruckumformen: Teil 3: Tiefziehen; Einordnung, Unterteilung, Begriffe, 2003

[DIN15] Deutsches Institut für Normung: DIN EN 10338 - Warmgewalzte und kaltgewalzte Flacherzeugnisse ohne Überzug aus Mehrphasenstählen zum Kaltumformen: Technische Lieferbedingungen, 2015

[DIN20] Deutsches Institut für Normung: DIN EN ISO 10275 - Metallische Werkstoffe - Blech und Band: Bestimmung des Verfestigungsexponenten im Zugversuch, 2020

[DIN21a] Deutsches Institut für Normung: DIN EN ISO 10113 - Metallische Werkstoffe - Blech und Band: Bestimmung der senkrechten Anisotropie, 2021

[DIN21b] Deutsches Institut für Normung: DIN EN ISO 12004 - Metallische Werkstoffe: Bestimmung der Grenzformänderungskurve für Bleche und Bänder, Teil 2: Bestimmung von Grenzformänderungskurven im Labor, 2021

[DIN22] Deutsches Institut für Normung: DIN 8580 - Fertigungsverfahren: Begriffe, Einteilung, 2022

[DODD80] Dodd, B.; Boddington, P.: The causes of edge cracking in cold rolling. In: Journal of Mechanical Working Technology, 1980, S. 239–252

[DOEG16] Doege, E.; Behrens, B.-A.: Handbuch Umformtechnik: Grundlagen, Technologien, Maschinen. Aufl. 3, Berlin, Heidelberg: Springer, 2016

[DUNL23] Dunlap, A.: Elektronenmikroskopische Untersuchung der schädigungsrelevanten physikalischen Mechanismen in umgeformten Einsatzstahl 16MnCrS5, Dissertation,

[ERDO02] Erdogan, M.: The effect of new ferrite content on the tensile fracture behaviour of dual phase steels. In: Journal of Materials Science, 2002, S. 3623–3630

[EURO19] European Comission: 2050 long-term strategy: Striving to become the world's first climate-neutral continent by 2050. URL: https://climate.ec.europa.eu/eu-action/climate-strategies-targets/2050-long-term-strategy_en [Stand: 20.02.2025]

[FILZ13] Filzek, J.; Ludwig, M.: Berücksichtigung der Reibung in der FEM-Simulation. In: Tagungsband TB-036 des EFB Kolloquiums, 2013, S. 359–370

[FONS17] Fonstein, N.: Dual-phase steels. In: Automotive Steels: Design, Metallurgy, Processing and Applications, 2017, S. 169–216

[FREU58] Freudenthal, A. M., Geiringer, H.: The Mathematical Theories Of The Inelastic Continuum, Berlin, Göttingen, Heidelberg: Springer, 1958

[FRIT15] Fritz, A. Herbert; Schulze, G.: Fertigungstechnik. Aufl. 11, Berlin, Heidelberg: Springer Vieweg, 2015

[GITS23] Gitschel, R.; Hering, O.; Schulze, A.; Erman Tekkaya, A.: Controlling Damage Evolution in Geometrically Identical Cold Forged Parts by Counterpressure. In: Journal of Manufacturing Science and Engineering, 2023

[GOLO97] Gologanu, M.; Leblond, J.-B.; Perrin, G.; Devaux, J.: Recent Extensions Of Gurson's Model For Porous Ductile Metals. In: Continuum Micromechanics, 1997, S. 61–130

[GROS16] Gross, D.; Seelig, T.: Bruchmechanik, Berlin, Heidelberg: Springer Berlin Heidelberg, 2016

[GROS18] Gross, Hauger, Wiggers: Technische Mechanik 4: Grundlagen der Elastizitätstheorie, Berlin, Heidelberg: Springer, 2018

[GROT18] Grote, K.-H.; Bender, B.; Göhlich, D.: Dubbel. Aufl. 25., Neu Bearb. U. Aktualisierte Aufl. 2018 ed., [s.l.]: Springer Vieweg, 2018

[GRUE09] Grueebler, R.; Hora, P.: Temperature dependent friction modeling for sheet metal forming. In: International Journal of Material Forming, 2009, S. 251–254

[GURS77] Gurson, A. L.: Continuum Theory of Ductile Rupture by Void Nucleation and Growth: Part I - Yield Criteria and Flow Rules for Porous Ductile Media. In: Journal of Engineering Materials and Technology, 1977, S. 2–15

[HÄFN15] Häfner, T.; Heberle, J.; Dobler, M.; Gränitz, M.; Alexeev, I.; Schmidt, M.: Friction Adjustment within Dry Deep Drawing by Locally Laser Textured Tool Surfaces. In: Key Engineering Materials, 2015, S. 57–64

[HANC16] Hance, B.: Advanced High Strength Steel: Deciphering Local and Global Formability. In: Proceedings of International Automotive, 2016

[HANC76] Hancock, J. W.; Mackenzie, A. C.: On the mechanisms of ductile failure in high-strength steels subjected to multi-axial stress-states. In: Journal of the Mechanics and Physics of Solids, 1976, S. 147–160

[HANC83] Hancock, J. W.; Brown, D. K.: On the role of strain and stress state in ductile failure. In: Journal of the Mechanics and Physics of Solids, 1983, S. 1–24

[HAZR18] Hazrati, J.; Stein, P.; Kramer, P.; van den Boogaard, A. H.: Tool Texturing for Deep Drawing Applications. In: IOP Conference Series: Materials Science and Engineering, 2018

[HEIB21] Heibel, S.: Schädigung und Versagensverhalten hochfester Mehrphasenstähle, Dissertation, TU Dortmund, 2021

[HEIS25] Heiser, A.; Werner, J.; Müller, M.; Bergs, T.; Schwedt, A.; Scharifi, E.; Bailly, D.: SEM-EDX-based Characterization of Ductile Damage in Sheet Metal Forming of Al-Mg-Si alloy. In: Materials Research Proceedings, 2025

[HERI 20a] Hering, O.; Tekkaya, A. E.: Damage-induced performance variations of cold forged parts. In: Journal of Materials Processing Technology, 2020a

[HERI 20b] Hering, O.: Schädigung in der Kaltmassivumformung: Entwicklung, Auswirkungen und Kontrolle, Dissertation, TU Dortmund, 2020b

[HIRT20] Hirt, G.; Tekkaya, A. E.; Clausmeyer, T.; Lohmar, J.: Potential and status of damage controlled forming processes. In: Production Engineering, 2020, S. 1–4

[HOEF15] Hoefnagels, J. P. M.; Tasan, C. C.; Maresca, F.; Peters, F. J.; Kouznetsova, V. G.: Retardation of plastic instability via damage-enabled microstrain delocalization. In: Journal of Materials Science, 2015, S. 6882–6897

[HOFF12] Hoffmann, H.; Spur, G.; Neugebauer, R.: Handbuch Umformen. Aufl. 2: Carl Hanser Fachbuchverlag, 2012

[HOL13] Hol, J.: Multi-scale friction modeling for sheet metal forming, Dissertation, Universität Twente, 2013

[HOL15a] Hol, J.; Meinders, V. T.; Geijselaers, H.; van den Boogaard, A. H.: Multi-scale friction modeling for sheet metal forming: The mixed lubrication regime. In: Tribology International, 2015, S. 10–25

[HOL15b] Hol, J.; Meinders, V. T.; Rooij, M. B. de; van den Boogaard, A. H.: Multi-scale friction modeling for sheet metal forming: The boundary lubrication regime. In: Tribology International, 2015, S. 112–128

[HOLM10] Holmestad, R.; Mariora, C. D.; Ehlers, F. J. H.; Torsater, M.; Bjorge, R.; Royset, J.; Andersen, S.: Precipitation in 6XXX aluminum alloys. In: Proceedings of the 12th International Conference on Aluminum Alloys, 2010, S. 30–39

[HORW12] Horwartitsch, D.: Entwicklung eines Reibmodells für hohe Temperaturen und hohe Umformgrade, Dissertation, Universität Kassel, 2012

[HYPE12] Hyperworks: Practical Aspects of Finite Element Simulation. In:

[ISO20] Deutsches Institut für Normung: ISO 6892-1 - Metallische Werkstoffe - Zugversuch: Teil 1: Prüfverfahren bei Raumtemperatur, 2020

[JIAN16] Jiang, W.; Li, Y.; Su, J.: Modified GTN model for a broad range of stress states and application to ductile fracture. In: European Journal of Mechanics - A/Solids, 2016, S. 132–148

[KACH58] Kachanov, L. M.: Time Of The Rupture Process Under Creep Conditions. In: Nank S. S. R. Otd Tech Nauk, 1958, S. 26–31

[KARU12] Karupannasamy, D. K.; Hol, J.; Rooij, M. B. de; Meinders, T.; Schipper, D. J.: Modelling mixed lubrication for deep drawing processes. In: Wear, 2012, S. 296–304

[KISH02] Kishor, N.; Ravi Kumar, D.: Optimization of initial blank shape to minimize earing in deep drawing using finite element method. In: Journal of Materials Processing Technology, 2002, S. 20–30

[KLOC15] Klocke, F.; Trauth, D.; Shirobokov, A.; Mattfeld, P.: FE-analysis and in situ visualization of pressure-, slip-rate-, and temperature-dependent coefficients of friction for advanced sheet metal forming: development of a novel coupled user subroutine for shell and continuum discretization. In: The International Journal of Advanced Manufacturing Technology, 2015, S. 397–410

[KLOC17] Klocke, F.: Fertigungsverfahren 4: Umformen. Aufl. 6, Berlin: Springer Vieweg, 2017

[KUSC19] Kusche, C.; Reclik, T.; Freund, M.; Al-Samman, T.; Kerzel, U.; Korte-Kerzel, S.: Large-Area, High-Resolution Characterisation And Classification Of Damage Mechanisms In Dual-Phase Steel Using Deep Learning. In: PLOS ONE, 2019

[LANG02] Lange, K.: Umformtechnik: Handbuch für Industrie und Wissenschaft, Heidelberg: Springer, 2002

[LANG75] Lange, K.: Umformtechnik: Handbuch für Industrie und Wissenschaft: Band 3: Blechumformung, Berlin, Heidelberg, New York: Springer, 1975

[LEMA05] Lemaitre, J.; Desmorat, R.: Engineering Damage Mechanics Ductile, Creep, Fatigue and Brittle Failures // Engineering Damage Mechanics: Ductile, Creep, Fatigue and Brittle Failures, Berlin, Heidelberg: Springer, 2005

[LEMA85] Lemaitre, J.: A Continuous Damage Mechanics Model for Ductile Fracture. In: Journal of Engineering Materials and Technology, 1985, S. 83–89

[LEMA87] Lemaitre, J.; Dufailly, J.: Damage measurements. In: Engineering Fracture Mechanics, 1987, S. 643–661

[LENN23] Lennemann, P.; Grodotzki, J.; Tekkaya, A. E.: Controlling the Damage Evolution in Roll Forming of a V-Section by Elastomer Rollers. In: Proceedings of the 14th International Conference on the Technology of Plasticity - Current Trends in the Technology of Plasticity, 2023, S. 266–274

[LIAN13] Lian, J.; Sharaf, M.; Archie, F.; Münstermann, S.: A hybrid approach for modelling of plasticity and failure behaviour of advanced high-strength steel sheets. In: International Journal of Damage Mechanics, 2013, S. 188–218

[LÖFF18] Löffler, M.; Engel, U.; Willner, K.; Beyer, F.; Merklein, M.: Investigation of the tribolgocal behaviour of microstructures for controlling the material flow in sheet-bulk metal forming. In: CIRP Journal of Manufacturing Science and Technology, 2018, S. 66–75

[LUDW23] Ludwig, P.; Scheu, R.: Über Kerbwirkungen bei Flußeisen. In: Stahl und Eisen. Zeitschrift für das deutsche Eisenhüttenwesen, 1923, S. 999–1001

[MADO12] Madou, K.; Leblond, J.-B.: A Gurson-type criterion for porous ductile solids containing arbitrary ellipsoidal voids: Limit-analysis of some representative cell. In: Journal of the Mechanics and Physics of Solids, 2012, S. 1020–1036

[MANN18] Mannens, R.; Trauth, D.; Falker, J.; Brecher, C.; Klocke, F.: Analysis of spindle bearing load with regard to the false brinelling effect caused by machine hammer peening. In: The International Journal of Advanced Manufacturing Technology, 2018, S. 3969–3976

[MARC65] Marciniak, Z.: Stability of composite shell–type structures. In: Stability and Vibrations of Thin Walled Composite Structures, 1965, S. 253–428

[MARD82] Marder, A. R.: Deformation characteristics of dual-phase steels. In: Metallurgical Transactions A, 1982, S. 85–92

[MCCL68] McClintock, F. A.: A Criterion for Ductile Fracture by the Growth of Holes. In: Journal of Applied Mechanics, 1968, S. 363–371

[MCVE07] McVeigh, C.; Vernerey, F.; Liu, W.; Moran, B.; Olson, G.: An interactive micro-void shear localization mechanism in high strength steels. In: Journal of the Mechanics and Physics of Solids, 2007, S. 225–244

[MEDG20] Medghalchi, S.; Kusche, C. F.; Karimi, E.; Kerzel, U.; Korte-Kerzel, S.: Damage Analysis in Dual-Phase Steel Using Deep Learning: Transfer from Uniaxial to Biaxial Straining Conditions by Image Data Augmentation. In: The Journal of The Minerals, Metals & Materials Society, 2020, S. 4420–4430

[MEYA19] Meya, R.; Löbbe, C.; Tekkaya, A. E.: Stress State Analysis of Radial Stress Superposed Bending. In: International Journal of Precision Engineering and Manufacturing, 2019, S. 53–66

[MEYA20] Meya, R.: Schädigungskontrolliertes Blechbiegen mittels Druckspannungsüberlagerung, Diss., TU Dortmund, 2020

[MILL65] Miller. D.; Besag, F.: Metallographic studies of ductile fracture in high purity aluminum and lead. In: Proceedings of the 1st International Conference on Fracture, 1965

[MIRZ96] Mirza, M. S.; Barton, D. C.; Church, P.: The effect of stress triaxiality and strain-rate on the fracture characteristics of ductile metals. In: Journal of Materials Science, 1996, S. 453–461

[MOHR06] Mohr, O.: Abhandlungen aus dem Gebiet der technischen Mechanik: Ernst und Sohn, 1906

[MOHR15] Mohr, D.: Basic Notions of Fracture Mechanics. In: Dynamic behavior of materials and structures, 2015

[MOUS17] Mousavi, A.; Kunze, T.; Roch, T.; Lasagni, A.; Brosius, A.: Deep drawing process without lubrication – an adapted tool for a stable, economic and environmentally friendly process. In: Procedia Engineering, 2017, S. 48–53

[NAHS08] Nahshon, K.; Hutchinson, J. W.: Modification of the Gurson Model for shear failure. In: European Journal of Mechanics - A/Solids, 2008, S. 1–17

[NAKA68] Nakajima, K.; Kikuma, T.; Hasuka, K.: Study on the Formability of Steel Sheets. In: Yamata Technical Report, S. 8517–8530

[NEED19] Needleman A.: Toughness, Roughness and the Possibility of Microstructure Design for Improved Crack Growth Resistance. In: The 13th International Conference on Numerical Methods in Industrial Forming Processes, 2019

[NETS95] Netsch, T.: Methode zur Ermittlung von Reibmodellen für die Blechumformung, Dissertation, Universität Darmstadt, 1995

[NICK20] Nick, M.; Feuerhack, A.; Bergs, T.; Clausmeyer, T.: Numerical Investigation of Damage in Single-step, Two-step, and Reverse Deep Drawing of Rotationally Symmetric Cups from DP800

Dual Phase Steel. In: Procedia Manufacturing, 2020, S. 636–642

[NICK21] Nick, M.; Liebsch, C.; Müller, M.; Weiser, I. F.; Hirt, G.; Bergs, T.: Influence of pass reduction in cold rolling on damage evolution in deep drawing of rotationally symmetric cups. In: IOP Conference Series: Materials Science and Engineering, 2021

[NIEL17] Nielsen, C. V.; Bay, N.: Overview of friction modelling in metal forming processes. In: Procedia Engineering, 2017, S. 2257–2262

[NOEL18] Noell, P. J.; Carroll, J. D.; Boyce, B. L.: The mechanisms of ductile rupture. In: Acta Materialia, 2018, S. 83–98

[OECH14] Oechsner, M.; Wied, J.; Stock, J.: Influence of Machine Hammer Peening on the Tribology of Sheet Forming. In: Advanced Materials Research, 2014, S. 397–405

[OROW45] Orowan, E.: Notch, brittleness and the strength of materials, Scotland: Institution of Engineers and Shipbuilders, 1945

[OROW49] Orowan, E.: Fracture and strength of solids. In: Reports on Progress in Physics, 1949, S. 185–232

[PAL15] Pal Singh, C.; Agnihotri, G.: Study of Deep Drawing Process Parameters: A Review. In: International Journal of Scientific and Research Publications, 2015

[PINE16] Pineau, A.; Benzerga, A. A.; Pardoen, T.: Failure of metals I: Brittle and ductile fracture. In: Acta Materialia, 2016, S. 424–483

[POUR10] Pouranvari: Tensile strength and ductility of ferrite-martensite dual phase steels. In: Association of Metallurgical Engineers of Serbia, 2010, S. 187–194

[PUTT59] Puttick, K. E.: Ductile fracture in metals. In: The Philosophical Magazine: A Journal of Theoretical Experimental and Applied Physics, 1959, S. 964–969

[PÜTZ20] Pütz, F.; Shen, F.; Könemann, M.; Münstermann, S.: The differences of damage initiation and accumulation of DP steels: a numerical and experimental analysis. In: International Journal of Fracture, 2020, S. 1–15

[RICE69] Rice, J. R.; Tracey, D. M.: On the ductile enlargement of voids in triaxial stress fields∗. In: Journal of the Mechanics and Physics of Solids, 1969, S. 201–217

[ROOS22] Roos, E.; Maile, K.; Seidenfuß, M.: Werkstoffkunde für Ingenieure, Berlin, Heidelberg: Springer, 2022

[ROTH16] Roth, C. C.; Mohr, D.: Ductile fracture experiments with locally proportional loading histories. In: International Journal of Plasticity, 2016, S. 328–354

[SCHW85] Schwab, W.; Lange, K.: Effect of Process Parameters in Metalforming on Fatigue Behaviour. In: CIRP Annals, 1985, S. 215–219

[SHAR14] Sharon, J. A.; Hattar, K.; Boyce, B. L.; Brewer, L. N.: Compressive Properties of ⟨110⟩ Cu Micro-Pillars after High-Dose Self-Ion Irradiation. In: Materials Research Letters, 2014, S. 57–62

[SHEN20] Shen, F.; Münstermann, S.; Lian, J.: Investigation on the ductile fracture of high-strength pipeline steels using a partial anisotropic damage mechanics model. In: Engineering Fracture Mechanics, 2020

[SIMO90] Simon, H.: Rechnerunterstützte Ziehteilauslegung mit elementaren Berechnungsmethoden, Dissertation, 1990

[SON05] Son, Y. I.; Lee, Y. K.; Park, K.-T.; Lee, C. S.; Shin, D. H.: Ultrafine grained ferrite–martensite dual phase steels fabricated via equal channel angular pressing: Microstructure and tensile properties. In: Acta Materialia, 2005, S. 3125–3134

[SPRA20] Sprave, L.; Schowtjak, A.; Meya, R.; Clausmeyer, T.; Tekkaya, A. E.; Menzel, A.: On mesh dependencies in finite-element-based damage prediction: application to sheet metal bending. In: Production Engineering, 2020, S. 123–134

[STAH11] Stahlmann J.: Untersuchungen und Methoden zur Beschreibung und Nutzung tribologischer Systeme mit strukturierten Halbzeugoberflächen in der Kaltmassivumformung, Dissertation, Universität Darmstadt, 2011

[STAT22] Statista: Durchschnittliches Gewicht neu zugelassener Personenkraftwagen in Europa nach Marken in den Jahren 2021 und 2022. URL: https://de.statista.com/statistik/daten/studie/238004/umfrage/gewicht-von-pkw-nach-autoherstellern/ [Stand: 20.02.2025]

[STAT23] Statista: Index zur Eisen- und Stahlpreisentwicklung in Deutschland in den Jahren 2005 bis 2023. URL: https://de.statista.com/statistik/daten/studie/377846/umfrage/stahlpreisentwicklung-in-deutschland/ [Stand: 20.02.2025]

[STAT 24a] Statista: Anzahl zugelassener Pkw in Deutschland von 1960 bis 2024. URL: https://de.statista.com/statistik/daten/studie/12131/umfrage/pkw-bestand-in-deutschland/ [Stand: 20.02.2025]

[STAT 24b] Statistisches Bundesamt: Straßenverkehr: EU-weite CO2-Emissionen. URL: https://www.destatis.de/Europa/DE/Thema/Umwelt-Energie/CO2_Strassenverkehr.html [Stand: 20.02.2025]

[STRI03] Stribeck, R.: Die wesentlichen Eigenschaften der Gleit- und Rollenlager: Springer, 1903

[TALI09] Talić – Čikmiš, A.; Hasanbegović, S.; Zaimović-Uzunović, N.: Determination Of The Optimum Blank Shape In Rectangular Cup Drawing. In: 13th International Research/Expert Conference "Trends in the Development of Machinery and Associated Technology", 2009

[TASA15] Tasan, C. C.; Diehl, M.; Yan, D.; Bechtold, M.; Roters, F.; Schemmann, L.; Zheng, C.; Peranio, N.; Ponge, D.; Koyama, M.; Tsuzaki, K.; Raabe, D.: An Overview of Dual-Phase Steels: Advances in Microstructure-Oriented Processing and Micromechanically Guided Design. In: Annual Review of Materials Research, 2015, S. 391–431

[TEEU23] Teeuwen, T.; Baru, N. K.; Bailly, D.; Hirt, G.: Investigation on evolution of microstructure and mechanical properties of heat-treatable 6010-S aluminium alloy during gas-based hot sheet metal forming process. In: IOP Conference Series: Materials Science and Engineering, 2023

[TEKK17] Tekkaya, A. E.; Ben Khalifa, N.; Hering, O.; Meya, R.; Myslicki, S.; Walther, F.: Forming-induced damage and its effects on product properties. In: CIRP Annals, 2017, S. 281–284

[TEKK20] Tekkaya, A. E.; Bouchard, P.-O.; Bruschi, S.; Tasan, C. C.: Damage in metal forming. In: CIRP Annals, 2020, S. 600–623

[TENN18] Tenner, J.; Häfner, T.; Rothammer, B.; Krachenfels, K.; Zhao, R.; Schmidt, M.; Tremmel, S.; Merklein, M.: Influence of laser generated micro textured coated tool surfaces on dry deep drawing processes. In: Dry Metal Forming, 2018, S. 35–46

[TIAN24] Tian, C.; Kusche, C. F.; Medina, A.; Lee, S.; Wollenweber, M. A.; Pippan, R.; Korte-Kerzel, S.; Kirchlechner, C.: Understanding the damage initiation and growth mechanisms of two DP800 dual phase grades. In: Materials & Design, 2024

[TOMO82] Tomota, Y.; Tamura, I.: Mechanical Behavior of Steels Consisting of Two Ductile Phases. In: Transactions of the Iron and Steel Institute of Japan, 1982, S. 665–677

[TOTT18] Totten, G. E.; Tiryakioğlu, M.; Kessler, O.: Encyclopedia of Aluminum and Its Alloys, Two-Volume Set. Aufl. First edition, Boca Raton, FL: CRC Press, 2018

[TRAU16] Trauth, D.: Tribology of machine hammer peened tool surfaces for deep drawing, Dissertation, RWTH Aachen, 2016

[TVER81] Tvergaard, V.: Influence of voids on shear band instabilities under plane strain conditions. In: International Journal of Fracture, 1981, S. 389–407

[TVER84] Tvergaard, V.; Needleman, A.: Analysis of the cup-cone fracture in a round tensile bar. In: Acta Metallurgica, 1984, S. 157–169

[VDI18] VDI: Richtlinie: VDI 3416 (Blatt 1) - Maschinelles Oberflächenhämmern (Grundlagen). URL: https://m.vdi.de/nc/richtlinie/entwurf_vdi_3416_blatt_1-maschinelles_oberflaechenhaemmern_grundlagen/ [Stand: 20.02.2025]

[VENK12] Venkat Reddy, R.; Janardhan Reddy, T. A.; Reddy, G.: Optimization of Blank Holder Force to Control Wrinkling and Fracture of Cylindrical Cups in Deep Drawing. In: International Journal of Engineering Trends and Technology, 2012

[WEID10] Weidel, S.: Grundlegende Untersuchungen zum Kontaktzustand zwischen Werkstück und Werkzeug bei umformtechnischen Prozessen unter tribologischen Gesichtspunkten, Dissertation, Universität Nürnberg-Erlangen, 2010

[WEIN76] Weinrich, P. F.; French, I. E.: The influence of hydrostatic pressure on the fracture mechanisms of sheet tensile specimens of copper and brass. In: Acta Metallurgica, 1976, S. 317–322

[WU17] Wu, B.; Li, X.; Di, Y.; Brinnel, V.; Lian, J.; Münstermann, S.: Extension of the modified Bai-Wierzbicki model for predicting ductile fracture under complex loading conditions. In: Fatigue & Fracture of Engineering Materials & Structures, 2017, S. 2152–2168

[XUE08] Xue, L.: Constitutive modeling of void shearing effect in ductile fracture of porous materials. In: Engineering Fracture Mechanics, 2008, S. 3343–3366

[ZHAN15] Zhang, J.; Di, H.; Deng, Y.; Misra, R.: Effect of martensite morphology and volume fraction on strain hardening and fracture behavior of martensite–ferrite dual phase steel. In: Materials Science and Engineering: A, 2015, S. 230–240

In der Reihe **Innovations in Manufacturing Technology** zuletzt erschienen:

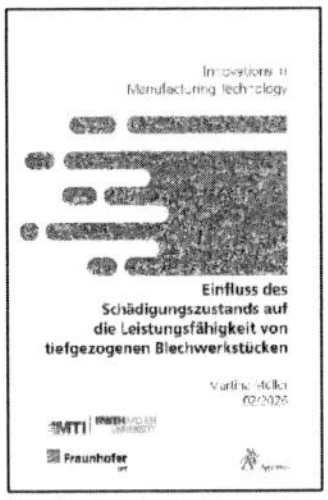

Müller, Martina:
Einfluss des Schädigungszustands auf die Leistungsfähigkeit von tiefgezogenen Blechwerkstücken
ISBN 978-3-98555-331-0
Erscheinungsdatum: 09.02.2026

Koch, Matthias:
Technologie der kryogenen Kühlschmierung beim Fräsen von TiAl6V4
ISBN 978-3-98555-317-4
Erscheinungsdatum: 26.01.2026

Splettstößer, Antonia:
Pulsierende Kühlschmierstoffzufuhr beim Schlichtdrehen von Inconel 718
ISBN 978-3-98555-318-1
Erscheinungsdatum: 13.01.2026

Kelliger, Tobias:
Adapted Cutting Fluid Supply in Additively Manufactured Milling Tools with Inserts
ISBN 978-3-98555-306-8
Erscheinungsdatum: 03.11.2025

Stauder, Lars Niklas:

Planung flexibler und wirtschaftlicher Fertigungsprozessfolgen für die variantenreiche Serienfertigung

ISBN 978-3-98555-307-5
Erscheinungsdatum: 27.10.2025

Smyczek, Gregor Josef:

Schwingungsunterstützte Zerspanung von faserverstärkten Kunststoffen

ISBN 978-3-98555-301-3
Erscheinungsdatum: 06.10.2025

Prinz, Sebastian:

Material Removal Behavior during Grinding of Fiber-Reinforced Non-Oxide Ceramics

ISBN 978-3-98555-297-9
Erscheinungsdatum: 04.08.2025

Ganser, Philipp:

Adaptive Milling of Free-Form Surfaces with Circle Segment End Mills

ISBN 978-3-98555-274-0
Erscheinungsdatum: 02.06.2025

FSC
www.fsc.org
MIX
Papier | Fördert
gute Waldnutzung
FSC® C083411

Kolibri 360 GmbH
Ferdinand-Jühlke-Straße 7
99095 Erfurt, Deutschland
produktsicherheit@kolibri360.de